E. Giese   K. Görgen   E. Hinsch
G. Schulze   K. Truöl

Dienste und Protokolle in Kommunikationssystemen

Die Dienst- und Protokollschnitte
der ISO-Architektur

Mit 95 Abbildungen und 24 Tabellen

Springer-Verlag
Berlin Heidelberg New York Tokyo

Eckart Giese
Klaus Görgen
Dr. Elfriede Hinsch
Günter Schulze
Dr. Klaus Truöl

GMD Gesellschaft für Mathematik und Datenverarbeitung mbH,
Institut für Systemtechnik
Rheinstraße 75, 6100 Darmstadt

ISBN-13: 978-3-642-70440-6   e-ISBN-13: 978-3-642-70439-0
DOI: 10.1007/978-3-642-70439-0

CIP-Kurztitelaufnahme der Deutschen Bibliothek
Dienste und Protokolle in Kommunikationssystemen: d. Dienst- u. Protokoll-
schnitte d. ISO-Architektur / Eckart Giese ... – Berlin ; Heidelberg ; New York ;
Tokyo : Springer, 1985.

NE: Giese, Eckhart [Mitverf.]

Vorwort

Seit mehreren Jahren wird im Bereich Darmstadt der GMD im Rahmen der von Dr. E. Raubold geleiteten Arbeitsthematik 'Kommunikationstechnologie für rechnergestützte Informationssysteme' eine Seminarreihe zur Kommunikationstechnologie entwickelt und durchgeführt. Das Ziel dieser Seminare ist es, aktuelles Wissen aus den einschlägigen Forschungs- und Entwicklungsprojekten der GMD auf diesem sich rasch fortentwickelnden Gebiet zur allgemeinen Information sowie auch speziell für Implementierer und Nutzer von Kommunikationsdiensten zu vermitteln.

Eine Einführung in das Gebiet der Kommunikationstechnologie wird in dem beim gleichen Verlag erschienenen Band 'Grundlagen der Kommunikationstechnologie - ISO-Architektur offener Kommunikationssysteme' gegeben.

Der hier vorliegende Band gibt als zweiter Teil der gesamten Schriftenreihe zu dem genannten Seminarzyklus eine detailliertere Behandlung einiger der wichtigsten Empfehlungen und Standards für Dienste und Protokolle in offenen Kommunikationssystemen. Allgemeine Grundkenntnisse der Kommunikationstechnologie werden dabei vorausgesetzt. Die folgenden Kapitel können aber für den Implementierer nicht das Studium der Orginalunterlagen zu den einzelnen Schichten der Kommunikationsarchitektur ersetzen; genausowenig wie an dieser Stelle auf formale Beschreibungs- und Implementierungstechniken für Protokolle eingegangen wird. Diese Themen sind anderen Teilen der Schriftenreihe vorbehalten.

Es wird zunächst eine kurze Einführung in die Strukturierungsprinzipien des DIN/ISO Basis-Referenzmodells gegeben als Leitfaden für die folgenden Beschreibungen von Diensten und Protokollen. In diese ISO-Architektur werden auch die Protokolle eingeordnet, die zeitlich früher oder unabhängig von der ISO-Normungsarbeit entstanden sind, z.B. einige CCITT-Empfehlungen. Die Kapitel 2 bis 6 sind den Diensten und Protokollen des Transportsystems gewidmet: Zunächst die Dienste der Vermittlungsschicht und ein Hinweis auf die Problematik der unterschiedlichen Netzzugangsprotokolle. Dann die CCITT-Empfehlungen X.25 für die Schichten 2 und 3 als Zugangsprotokolle zu dem Teilnetz für die Paketvermittlung. Die Empfehlungen X.3/X.28/X.29 stellen eine einfache auf X.25 aufsetzende Dialoganwendung dar. Es folgen die verschiedenen Protokollklassen der Transportschicht. Kapitel 7 beschreibt die Kommunikationssteuerungsschicht, für die inzwischen auch die Normen vorliegen. Für die Darstellungsschicht werden die ISO-Normenentwürfe für die Dienste und Protokolle beschrieben und als Beispiel für eine konkrete Anwendung in der Schicht 7 Dokumentenstrukturen für Büroanwendungen vorgestellt.

Eine wichtige Anwendung, die in der Hierarchie der OSI-Architektur auf der Transportschicht aufsetzt, und die als abgeschlossene Dienstleistung von den Postgesellschaften angeboten wird, ist TELETEX, beschrieben in Kapitel 9. Als weitere OSI-Anwendungen werden das virtuelle Terminal und die Empfehlungen der X.400-Serie zu Nachrichtenaustauschsystemen behandelt. Das letzte Kapitel 11 zeigt anhand eines konkreten Betriebssystems, im vorliegenden Fall BS2000, einige Möglichkeiten auf, Protokolle und Dienstschnittstellen in eine Betriebssystemumgebung einzubetten.

Die einzelnen Kapitel dieses Buches sind weitgehend in sich abgeschlossen; sie können daher zum Studium z.B. der Problematik einer speziellen Schicht der ISO-Architektur oder einer Anwendung auch einzeln gelesen werden. Aus diesem Grund ist für jedes Kapitel ein eigenes Literaturverzeichnis angegeben. Das Stichwortregister dagegen bezieht sich auf das gesamte Werk. Zur Hervorhebung ist im Text jeder Begriff, der einen Eintrag im Stichwortregister hat, mit dem Zeichen → markiert.

Der Text und die Zeichnungen zu diesem Band wurden mit großen Einsatz von Heike Böhm und Liesel Canales unter Benutzung der Textbearbeitungsbausteine auf den Großrechenanlagen der GMD erstellt. Ihnen sei hierfür herzlich gedankt. Ebenfalls möchte ich allen Kollegen aus der GMD und aus einschlägigen Normungsgremien danken, die mit Diskussionen, Rat und teilweise auch Korrekturlesen zum Entstehen dieses Bandes beigetragen haben.

Darmstadt, November 1984   Klaus Truöl

Inhaltsverzeichnis

1 Einführung in die Kommunikationsarchitektur

1.1 Das Basis-Referenzmodell

Offene weltweite Kommunikation erfordert die Festlegung und Einhaltung von allgemeinen Standards für Kommunikationsregeln. Kommunikationssysteme können nur dann herstellerunabhängig Daten austauschen und miteinander kooperieren, wenn sie sich in ihrem Außenverhalten gegenüber dem Kommunikationspartner einer allgemein akzeptierten 'Kommunikationskultur' unterwerfen. Diese ist unabhängig von internen Hardware- und Betriebssystemeigenschaften.

Das DIN/ISO Basis-Referenzmodell für die Kommunikation offener Systeme /ISO 7496/ beschreibt ein allgemeines abstraktes Modell für die Kommunikation zwischen rechnergestützten Systemen (Open Systems Interconnection, →OSI). Nur das Außenverhalten eines solchen Systems, die kommunikationsrelevanten Funktionen werden beschrieben. Dabei ist das Referenzmodell keine Spezifikation für die Implementierung von Kommunikationsdiensten. Es liefert eine allgemeine funktionelle Beschreibung; für die konkrete Definition des Leistungsumfangs von Diensten und die präzise Spezifikation von Protokollen sind gesonderte Normen vorgesehen.

Die Basiselemente des Modells sind →**Anwendungsinstanzen** als Abstraktionen von den konkreten Anwendungsprozessen (Programme, Benutzer), die eigentlichen Quellen und Senken der Informationen. Diese sind in →**Endsystemen** lokalisiert; →**Transitsysteme** haben nur die Aufgabe der Vermittlung (Wegewahl und Betriebsmittelzuordnung) sowie der Weiterleitung der Daten. Die Kommunikation zwischen den Anwendungsinstanzen geschieht über →**Verbindungen**; diese müssen aufgenommen, unterhalten und schließlich wieder beendet werden.

Abb. 1.1: Basiselemente des Referenzmodells

Die Grundidee des Referenzmodells ist die funktionelle Zerlegung des Kommunikationsvorgangs in eine Hierarchie von aufeinander aufbau- enden →**Funktionsschichten**. Die Anwendungsinstanzen stützen sich in ihrer Kommunikation auf →**Kommunikationsdienste**. Ein in der Hierarchie höherer Kommunikationsdienst umfaßt dabei alle in der Hierarchie niedrigeren Dienste (Abb. 1.2).

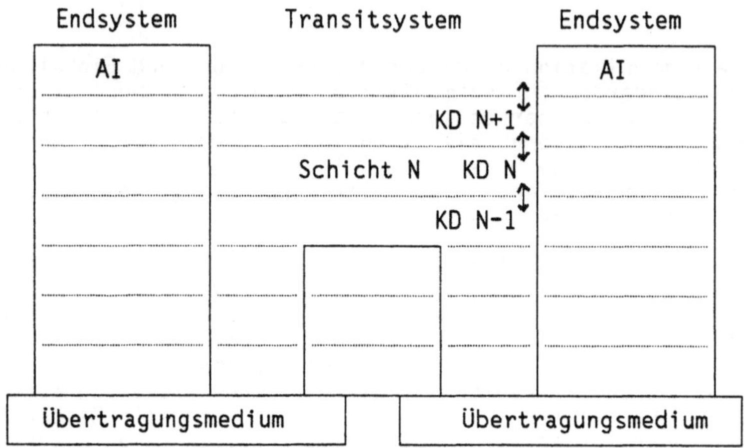

AI : Anwendungsinstanz
KD : Kommunikationsdienst

Abb. 1.2: Hierarchie von Funktionsschichten und Kommunikationsdiensten

Ein Kommunikationsdienst beschreibt im Modell, was der überlagerten Schicht zur Verfügung gestellt wird, nicht wie diese Dienstleistung realisiert ist. Der Dienst ist in seinem Leistungsumfang, seiner Semantik beschrieben, nicht in seiner Syntax.

Das Referenzmodell identifiziert nun sieben Funktionsschichten, in die jeder Kommunikationsvorgang zerlegt werden kann (Abb. 1.3).

Die →**Bitübertragungsschicht** als unterste Schicht dient der Übertragung von Bitströmen über Übertragungsteilstrecken zwischen Endsystemen und Transitsystemen. Um diese Übertragung gegen den Einfluß von Übertragungsfehlern abzusichern, werden die ungesicherten Systemver- bindungen (Übertragungsteilstrecken) durch entsprechende Funktionali- tät der →**Sicherungsschicht**, d.h. Erkennen und Beheben von Übertra- gungsfehlern, zu gesicherten Systemverbindungen verbessert. Die →**Ver- mittlungsschicht** koppelt gesicherte Systemverbindungen zu Netzverbin- dungen zwischen Endsystemen zusammen. Sie liefert damit einen trans- parenten Datenpfad zwischen Endsystemen. Die →**Transportschicht** schließlich erweitert diese Endsystemverbindungen zu Verbindungen zwischen den Anwendungsinstanzen, den Teilnehmern. Sie stellt die vom Benutzer geforderte Transportqualität auf der Grundlage der zur Verfügung stehenden Endsystemverbindung her.

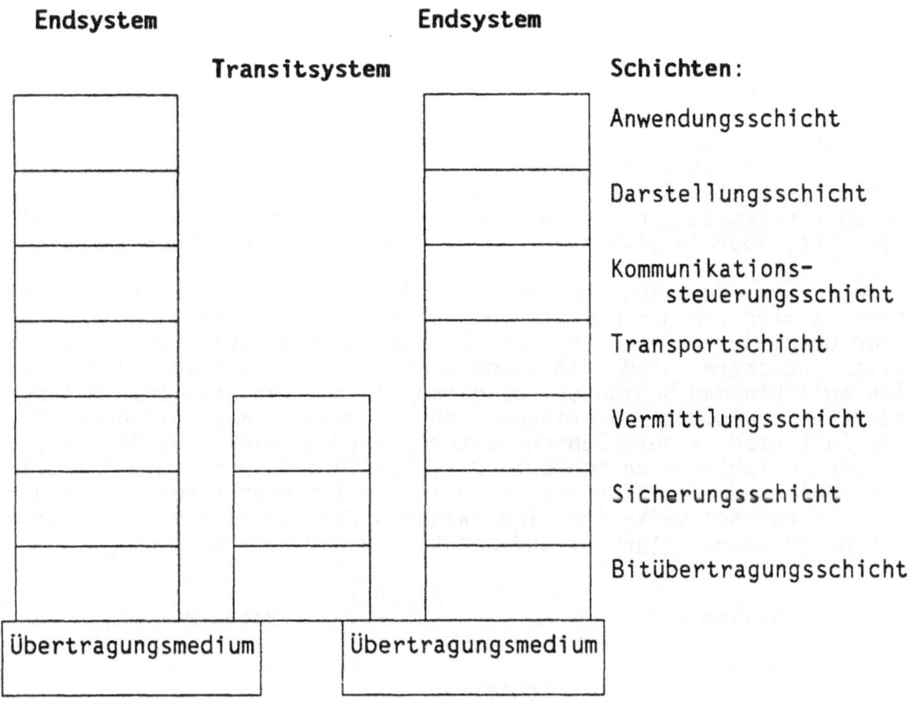

Abb. 1.3: DIN/ISO-Basisreferenzmodell

Mit diesen vier unteren Schichten ist ein Datentransportsystem beschrieben, das anwendungsunabhängige, kostengünstige und transparente Datenübertragung zwischen kommunizierenden Anwendern ermöglicht.

In den drei oberen Schichten sind die Funktionen angesiedelt, welche die eigentliche Anwendung in ihren kommunikationsbezogenen Teilen unterstützen. Die →**Kommunikationssteuerungsschicht** stellt Sprachmittel zur Verfügung, um eine Kommunikationsbeziehung, eine Sitzung, zu steuern und insbesondere das gemeinsame Verständnis beim Dialog durch Synchronisation fortzuschreiben. Über die Dienste der →**Darstellungsschicht** können Anwendungsinstanzen Vereinbarungen über Datenstrukturen, z. B. Datentypen und Syntaxdarstellungen für den Datentransfer, aushandeln. Als oberste Schicht umfaßt die →**Anwendungsschicht** alle anwendungsspezifischen Funktionen einer Kommunikation. Sie ermöglicht letztendlich den Anwendungsprozessen selbst den Zugang zu der OSI-Welt.

1.2   Dienst und Protokoll

Die erforderliche Leistung einer Funktionsschicht ergibt sich als
funktionale Differenz der sie unmittelbar eingrenzenden Kommunikationsdienste. Diese Funktionalität, die einen unterlagerten Dienst
zu dem höherwertigen überlagerten Dienst anhebt, wird in den einzelnen
Systemen durch →**Instanzen**, als Abstraktionen von den dort ablaufenden
konkreten Prozessen und Programmen, erbracht. Instanzen in der gleichen Schicht, aber in verschiedenen Systemen heißen →**Partner-Instanzen**.

Der von einer Funktionsschicht zur Verfügung gestellte Kommunikationsdienst wird von den Partner-Instanzen dieser Schicht den Instanzen der überlagerten Schicht an →**Dienstzugangspunkten** zur Verfügung
gestellt. Letztere sind die Modellierung der Interaktionsschnitt-
stellen zwischen den Schichten. Um diesen Kommunikationsdienst mit der
geforderten Leistung erbringen zu können, kommunizieren die
Partner-Instanzen einer Schicht unter Inanspruchnahme der Dienstleistung der unterlagerten Schicht. Die hierfür erforderlichen Kommunikationsregeln und Datenformate sind in →**Schichtenprotokollen** festgelegt. Für diese Kommunikation wird zwischen den Partner-Instanzen eine
Schichtenverbindung aufgebaut und anschließend wieder beendet.

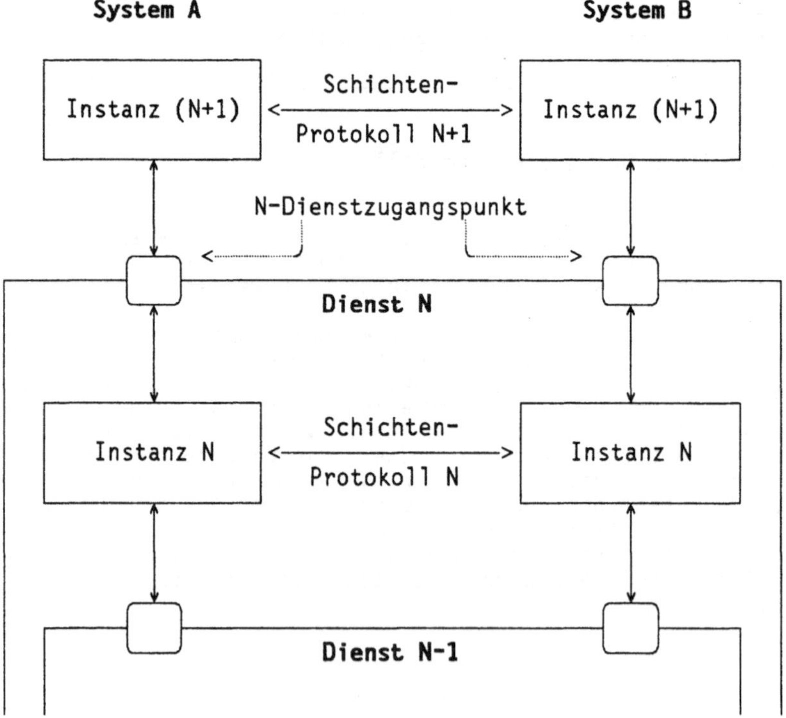

Abb. 1.4: Modell einer Schicht und ihrer Interaktionen

Sowohl für die Kommunikationsprotokolle der einzelnen Schichten des Referenzmodells als auch für die von den Schichten erbrachten Dienste gibt es internationale Normen, die z. T. noch in der Entwicklung sind. →**Dienstnormen** beschreiben die elementaren Interaktionen zwischen einem Benutzer und dem Erbringer des Dienstes an Dienstzugangspunkten. Sie werden beschrieben in Form von →**Dienstelementen**, die logisch als unteilbare Ereignisse angesehen werden. Dabei werden nur die Dienstelemente beschrieben, die sich auf die Kommunikation von zwei Dienstbenutzern beziehen. Lokale Quittungen zwischen Diensterbringer und Dienstbenutzer in einem System werden nicht beschrieben.

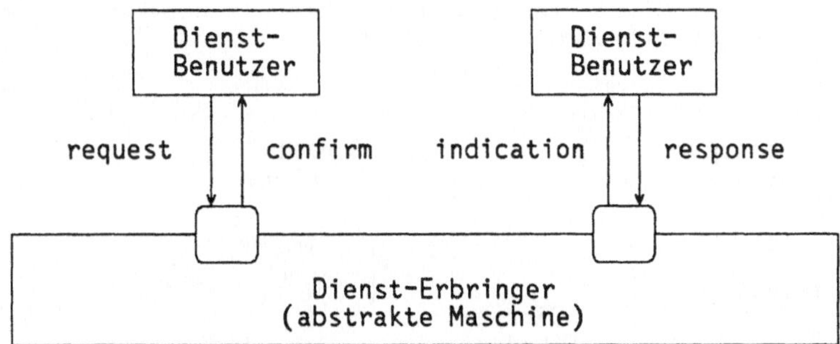

Abb. 1.5: Modell eines Dienstes

Es gibt vier verschiedene Typen von Dienstelementen, die gekennzeichnet werden durch die an den Namen angehängte Bezeichnung

            .request
            .indication
            .response
            .confirm

Diese repräsentieren das Anfordern eines Dienstes an einem Dienstzugangspunkt, die entsprechende Anzeige an dem Partner-Dienstzugangspunkt, die dortige Antwort auf eine Anzeige und die Bestätigung bei dem anfordernden Dienstzugangspunkt.

Die Dienstbezeichnung selbst besteht aus einem Kennbuchstaben für die Schicht:

            P :   presentation
            S :   session
            T :   transport
            N :   network
            DL: data link

und einem Namen für die Dienstgruppe, z. B.

        CONNECT   für Verbindungsaufbau
        DISCONNECT für Verbindungsabbau
        DATA   für Datentransport

Beispielsweise beschreiben die vier Dienstelemente

                    T-CONNECT.request
                    T-CONNECT.indication
                    T-CONNECT.response
                    T-CONNECT.confirm

den Aufbau einer Transportverbindung zwischen zwei Teilnehmern.

Diese Typen von Dienstelementen sind i. a. voneinander abhängig, d. h.
sie treten in bestimmtem zeitlichen Zusammenhang auf. Beispiele hierzu
geben die Zeitablaufdiagramme 1.6 bis 1.9. In diesen wird die
zeitliche Folge der Ereignisse an den beiden Dienstzugangspunkten
modelliert, indem diese Dienstzugangspunkte als nach unten gerichtete
Zeitachsen dargestellt werden.

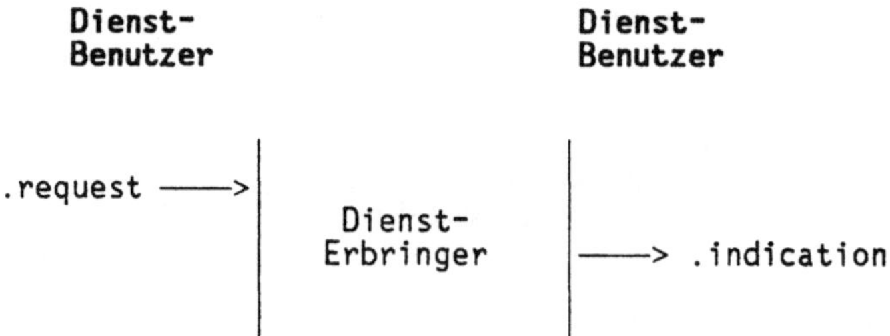

Abb. 1.6: Diensttyp 'unbestätigter Dienst'

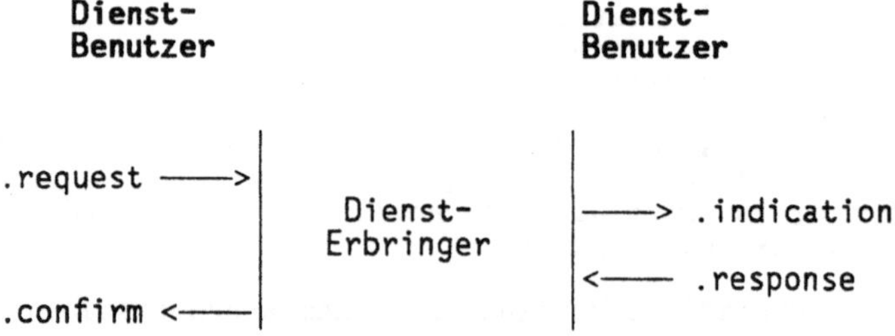

Abb. 1.7: Diensttyp 'bestätigter Dienst'

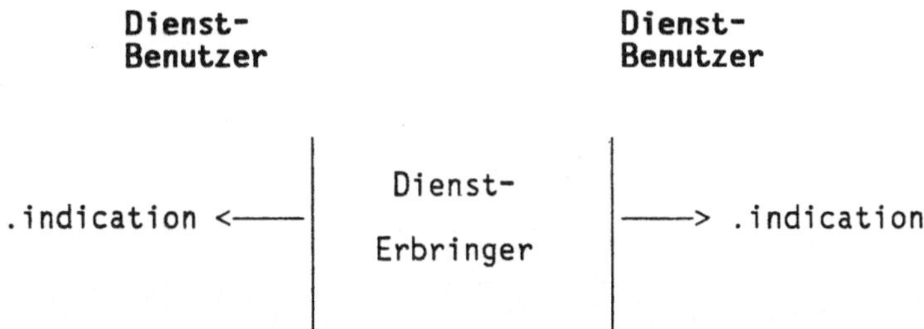

Abb. 1.8: Diensttyp 'vom Diensterbringer initiierter Dienst'

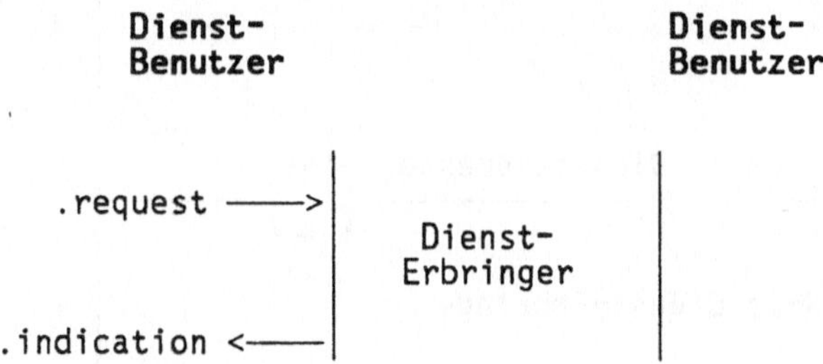

Abb. 1.9: Diensttyp 'Anforderung mit Anzeige durch den
Diensterbringer'

Diese Dienstelemente sind abstrakte Mittel der Dienstbeschreibung.
Sie sind nicht identisch mit Schnittstellenereignissen einer konkreten
Implementierung, bei der insbesondere die Einbettung in die vorlie-
gende Betriebssystemumgebung vorzunehmen ist.

Eine Dienstnorm legt die Funktionalität eines Dienstes fest, nicht
aber seine Realisierung. →**Protokollnormen** legen ergänzend dazu fest,
wie die Partner-Instanzen einen Kommunikationsdienst unter Benutzung
des unterlagerten Dienstes erbringen. Dazu werden die Interaktionen
der beteiligten Protokollinstanzen mit dem überlagerten Dienstbenutzer, dem unterlagerten Diensterbringer und miteinander beschrieben. In einer Protokollnorm treten somit die Dienstelemente des
zu erbringenden und des benutzten Dienstes sowie die eigentlichen
Protokollelemente auf (Abb. 1.10). Letztere dienen der Kommunikation
zwischen den Partner-Instanzen. Dabei sind die Protokollelemente sowohl in ihrer Semantik als auch in ihrer Syntax festgelegt.

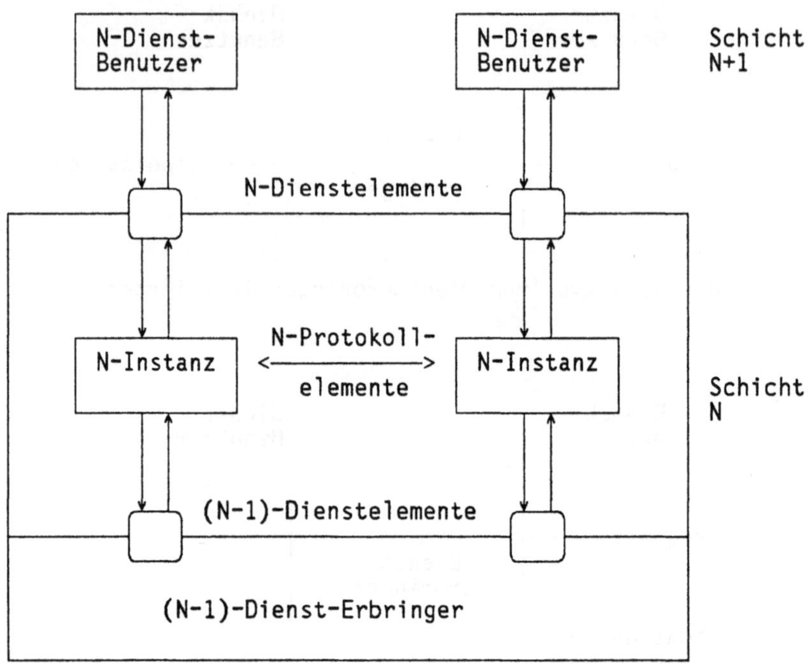

Abb. 1.10: Protokoll und Dienste

1.3   Literatur

/Burk 81/   Burkhardt,H.J.:
               Kommunikation offener Systeme - Stand der Normungsarbeit
               GMD-Spiegel, 1/81, 3/81

/Burk 82/   Burkhardt,H.J.; Krecioch,T.H.:
               Standards for the ISO-Reference Model for Open Systems
               Interconnection,
               Microprocessing and Microprogramming 9 (1982), 237 - 244

/CCI X.200/   CCITT Recommendation X.200
               Reference Model of Open Systems Interconnection for
               CCITT Applications, Genf 1984

/Gör 84/   Görgen,K.; Koch,H.; Schulze,G.; Struif,B.; Truöl,K.:
               Grundlagen der Kommunikationstechnologie - ISO-Archi-
               tektur offener Kommunikationssysteme
               Berlin: Springer 1984

/ISO 7498/   Norm DIN/ISO 7498, Kommunikation offener Systeme -
               Basis-Referenzmodell, November 1983

/ISO 8509/   Draft Proposal ISO 8509, Information Processing Systems -
               Open Systems Interconnection - Service Conventions,
               Dezember 1983

2 OSI-Architektur und Netzzugangsprotokolle

2.1 Der Vermittlungsdienst

Der →Vermittlungsdienst, der Dienst der Schicht 3 in der OSI-Architektur, stellt dem Dienstbenutzer gemäß /ISO 8348/ die folgenden
Funktionen zur Verfügung (Abb. 2.1):

- Herstellen einer Endsystemverbindung zu einem anderen Endsystem,
  einem anderen Benutzer des Vermittlungsdienstes
- Vereinbarung einer bestimmten Dienstgüte für die Verbindung zwi-
  schen Dienstbenutzern und Diensterbringer
- Transparente Übertragung von Daten mit der vereinbarten Dienstgüte
- Regelung des Datenflusses
- Normierung der Verbindung zur Synchronisation zwischen den Dienst-
  benutzern
- Bedingungsloser - und damit möglicherweise datenzerstörender -
  Abbau der Verbindung durch Dienstbenutzer oder Diensterbringer
- Optional auch die Übertragung von Vorrangdaten
- Optional ebenfalls die Bestätigung empfangener Daten

Damit werden für den Benutzer Endsystemverbindungen hergestellt,
unabhängig von den unterlagerten Übermittlungsmedien und der Anzahl
der möglicherweise zusammengekoppelten Teilnetze. Der Datentransfer
geschieht end-zu-end; die Wegewahl wird vom Diensterbringer vorgenommen.

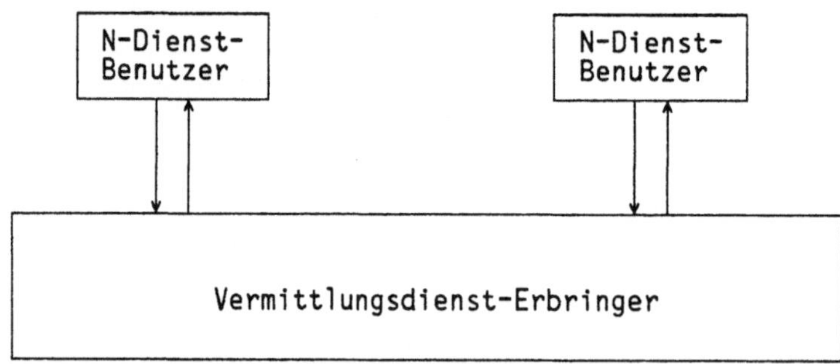

Abb. 2.1: Modell des Vermittlungsdienstes

Eine Endsystemverbindung ist durch bestimmte Merkmale für die
→**Dienstgüte** (→**quality of service**) charakterisiert, die teilweise
beim Aufbau einer Verbindung zwischen den Dienstbenutzern und dem
Diensterbringer als Anforderung an den Diensterbringer vereinbart
werden können.

Nachdem der Verbindungsaufbau abgeschlossen ist, haben beide Benutzer
das gleiche Wissen und Verständnis von dieser festgelegten Dienstgüte.

Dienstgüte-Merkmale, die bei Verbindungsaufbau vereinbart werden, sind:

- Durchsatz: Dieser ist, etwas vereinfacht wiedergegeben, getrennt für beide Richtungen die Anzahl der je Zeiteinheit erfolgreich an den Diensterbringer übergebenen Datenbits.

- Übertragungszeit: Zeitspanne zwischen einem N-DATA.request und dem entsprechenden N-DATA.indication

Weitere Dienstgüte-Merkmale werden nicht bei Verbindungsaufbau ausgehandelt; sie sind auf andere Weise für eine Verbindung bekannt. Dazu gehören:

- Verbindungsaufbauzeit

- Wahrscheinlichkeit für das Scheitern eines Verbindungsaufbaus

- Restfehlerrate, d.h. das Verhältnis aller inkorrekten, verlorenen und duplizierten zu der Gesamtanzahl aller gesendeten Vermittlungsdienstdateneinheiten in einem Beobachtungszeitraum

- Übertragungsfehlerwahrscheinlichkeit

- Robustheit der Verbindung, d.h. Wahrscheinlichkeit für Abbau oder Normierung durch den Diensterbringer

- Verbindungsabbauzeit

- Abbaufehlerwahrscheinlichkeit

- Schutz vor unberechtigtem Zugriff auf Informationen auf dieser Verbindung

- Priorität zwischen verschiedenen Endsystemverbindungen

- Maximal akzeptierte Kosten für diese Verbindung

Die →**Dienste der Vermittlungsschicht** sind in der Tabelle 2.2 zusammengestellt.

	Dienst	Typ	Parameter
Verbindungs-aufbau	N-CONNECT	bestätigt	gerufene Adresse, rufende Adresse, Auswahl Empfangsbestätigung, Auswahl Vorrangdaten, Dienstgüte-Merkmale, Benutzerdaten (max. 128 Oktaden)
Normal-Daten-übermittlung	N-DATA	unbestätigt	Benutzerdaten (nicht beschr.Anzahl Oktaden), Bestätigungswunsch
Empfangs-bestätigung	N-DATA-ACKNOWLEDGE	unbestätigt	-
Vorrang-Datenüber-mittlung	N-EXPEDITED-DATA	unbestätigt	Benutzerdaten (max. 32 Oktaden)
Normierung	RESET	bestätigt	Verursacher, Grund
Verbindungs-abbau	N-DISCONNECT	unbestätigt	Verursacher, Grund, Benutzerdaten (max. 128 Oktaden), Adresse

Tabelle 2.2: Dienste der Vermittlungsschicht

N-CONNECT   Eine Endsystemverbindung wird aufgebaut. Gleich-
                       zeitige Aufbauwünsche von beiden Dienstbenutzern
                       können zu verschiedenen Endsystemverbindungen führen.
                       Der Parameter 'Auswahl Empfangsbestätigung' gibt an,
                       ob die Anwendung der Empfangsbestätigung für Daten
                       gewünscht wird und ob sie der Diensterbringer zur
                       Verfügung stellen kann. Das Analoge gilt für die
                       Auswahl der Vorrangdatenübermittlung.

N-DATA   Übermittlung von Dienstdateneinheiten des Vermitt-
                       lungsdienstes. Ist die Option der Empfangsbestätigung
                       vereinbart, kann für eine Dienstdateneinheit die
                       Bestätigung des Empfangs durch N-DATA-ACKNOWLEDGE
                       verlangt werden.

N-DATA-ACKNOWLEDGE Dieser Dienst muß als Option vereinbart sein.
                       Der Empfang jeder Dienstdateneinheit, für die eine
                       Bestätigung verlangt wurde, muß in der gleichen
                       Reihenfolge quittiert werden. Die Bestätigung hat
                       keine Parameter; die Beziehung von Datensendung und
                       Bestätigung wird durch Abzählen hergestellt.

N-EXPEDITED-DATA Auch dieser Dienst muß als Option vereinbart werden,
                       Vorrangdaten können normale Daten in den Warte-
                       schlangen des Diensterbringers überholen; ihre Ver-
                       mittlung ist unabhängig von der Flußregelung für
                       normale Daten.

N-RESET   Mit dem Dienst der Normierung können Dienstbenutzer
                       ihre Verbindung resynchronisieren oder der Dienst-
                       erbringer eigenes Fehlverhalten anzeigen, z.B. den
                       Verlust von Daten. Noch nicht ausgelieferte Daten-
                       einheiten der verschiedenen Dienste werden ver-
                       nichtet; damit setzt die Kommunikation auf einem
                       definierten gemeinsamen Stand auf.

N-DISCONNECT   Eine Endsystemverbindung wird ausgelöst, initiiert
                       entweder durch die Dienstbenutzer oder den Dienst-
                       erbringer; oder aber ein Verbindungsaufbauwunsch wird
                       durch den entfernten Partner oder den Diensterbringer
                       abgelehnt. Die Folge der möglichen Dienstelemente ist
                       analog zu den entsprechenden Folgen für den Trans-
                       portdienst (s. Abb. 6.7 bis Abb. 6.12). Bei Abbau der
                       Verbindung kann Verlust von noch nicht ausgelieferten
                       Dienstdateneinheiten auftreten.

2.2 Zugangsprotokolle zu existierenden Netzen

Die Protokolle der unteren drei Schichten können zusammengefaßt
als →**Zugangsprotokolle** zu Transitsystemen interpretiert werden,
hinter denen sich wieder öffentliche oder private Netze verbergen
können. Demgemäß besteht ein solches Netzzugangsprotokoll aus drei
Teilen,

- einem Wählprotokoll als Bestandteil der Vermittlungsschicht, das
  i.a. den Mehrfachzugang zu Netzen unterstützt,

- einem Sicherungsprotokoll als Bestandteil der Sicherungsschicht,
  welches erlaubt, Daten mit der erforderlichen Sicherheit gegenüber Störungen und Verlust zu übermitteln,

- dem Bitübertragungsprotokoll als Bestandteil der Bitübertragungsschicht.

Es gibt verschiedene Netzzugangsprotokolle, die zunächst unabhängig
von der OSI-Architektur und größtenteils auch zeitlich früher entstanden sind. Hierzu gehört die CCITT-Empfehlung X.21 als Zugangsprotokoll für das Datennetz mit Durchschaltevermittlung. Dieses Netzzugangsprotokoll ermöglicht Teilnehmern den Zugang zu einem Teilnetz
und somit die Kommunikation über das leitungsvermittelnde öffentliche
Datennetz. Hierbei wird eine durchgehende Übertragungsstrecke, eine
ungesicherte Systemverbindung zwischen zwei Endsystemen hergestellt.

X.21 für Durchschaltevermittlung hat die funktionellen Komponenten

- X.21-Wählprotokoll für den Aufbau einer Verbindung

- X.21-Blockbildung für Signalisierungsdaten, die nur für Aufbau
  und Abbau der Verbindung genutzt wird; in der Datentransferphase
  gibt es keine den Schichten 2 und 3 entsprechende Funktionen.

- X.21-Bitübertragung

Die Protokolle für Paketvermittlung gemäß der CCITT-Empfehlung X.25
sind eine weitere Klasse von Netzzugangsprotokollen, die zunächst
parallel zum Aufbau der OSI-Architektur entwickelt wurden. Sie eröffnen den Zugang zu dem paketvermittelnden öffentlichen Datennetz.
Hier wird bekanntlich eine Verbindung zwischen Endsystemen i.a über
mehrere Transitsysteme, d.h. konkret Postknoten, geführt.

Auf die Schichtenstruktur von X.25 wird in den Kapiteln 3 und 4
näher eingegangen.

Die architekturelle Einordnung von X.21 und X.25 zeigt die Abbildung 2.3.

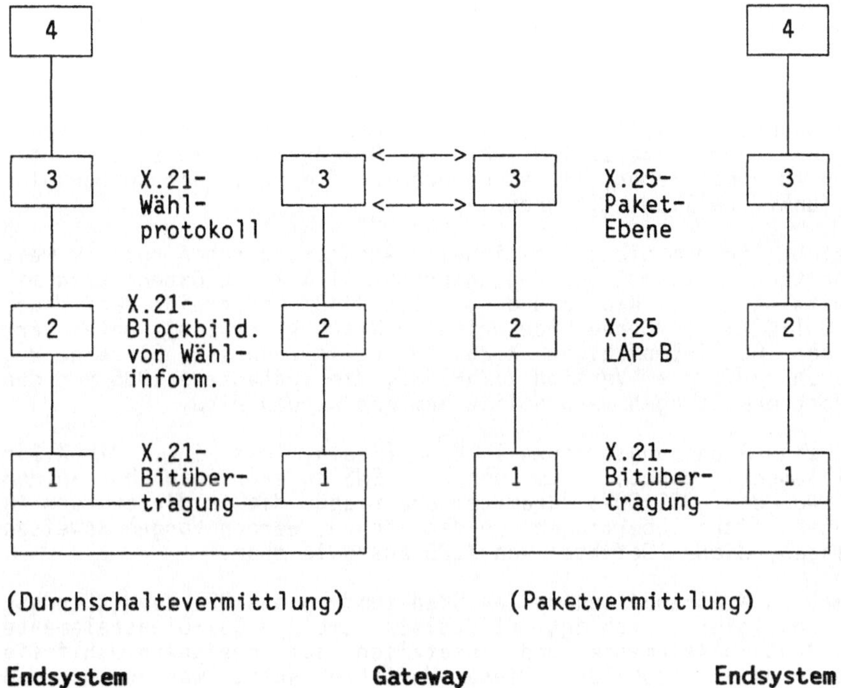

Abb. 2.3: Architekturelle Einordnung von X.21 und X.25

So existieren Netzzugangsprotokolle zu den verschiedenen Postnetzen, u.a. auch zu ausländischen Netzen. Aus OSI-Sicht sind sie als **Zugangs-protokolle zu →Teilnetzen** in einer offenen Kommunikationsarchitektur anzusehen. Zum Übergang zwischen diesen Teilnetzen sind Protokoll-umsetzer (gateways, interworking units) erforderlich (s. auch Abb. 2.3), welche die unterschiedlichen Protokollstrukturen ineinander überführen.

2.3 Realisierung des OSI-Vermittlungsdienstes in existierenden Teilnetzen

Die Netzzugangsprotokolle zu den verschiedenen Postnetzen sind gegenwärtig noch sehr unterschiedlich. Um Datenverkehr zwischen diesen
Teilnetzen zu ermöglichen, ist es notwendig, die Netzzugangsprotokolle
einander funktionell anzugleichen.

Ein Bereich, in dem diese funktionelle Annäherung schon relativ weit
fortgeschritten ist, ist das Zugangsprotokoll X.25 zu Datennetzen mit
Paketvermittlung (s. Kap. 3 und 4). /ISO 3148/ beschreibt zwei Wege,
wie der OSI-CONS (→Connection Oriented Network Service) unter Verwendung der CCITT-Empfehlung X.25 zu realisieren ist. Der eine Weg
stützt sich auf die Version X.25-1980, die spätestens 1985 von den
meisten Postverwaltungen verbindlich gemacht werden wird.

Es wird ein Anpassungsprotokoll beschrieben, das i.w. die X.25-
Protokollelemente benutzt, um den OSI-CONS zu erbringen. Nur an den
Stellen, wo der OSI-CONS Parameter überträgt, die in dieser Form in
X.25-Paketen nicht übertragen werden können, werden Vorgehensweisen
vorgeschlagen, diese 'Defekte' von X.25 auszugleichen.

Da die Version X.25-1984 den vollen Dienstumfang des OSI-Vermittlungs-
dienstes realisiert, schlägt /ISO 3148/ vor, die OSI-Dienstelemente
auf die Protokollelemente und zusätzlich auf geeignete wahlfreie
Leistungsmerkmale abzubilden. Dieses Verfahren setzt zwar voraus, daß
bestimmte Leistungsmerkmale für den entsprechenden X.25-Anschluß zur
Verfügung stehen, macht aber dafür ein zusätzliches Anpassungsprotokoll überflüssig.

Der Grund, weshalb /ISO 3148/ zwei verschiedene Wege vorschlägt, eine
Anpassung zwischen OSI-CONS und Teilnetzen mit Paketvermittlung vorzunehmen, ist wohl im wesentlichen darin zu sehen, daß man so auch
eine Möglichkeit schafft, die Anpassung zeitlich abgestuft vorzunehmen, da die benötigten Leistungsmerkmale in einigen Teilnetzen erst
mit der Version X.25-1984 eingeführt werden.

Ähnlich wie /ISO 3148/ Vorschläge macht, den ISO-Vermittlungsdienst
in Paketnetzen zu realisieren, schlägt /ISO 3150/ Lösungen vor, die
den ISO-Vermittlungsdienst in leitungsvermittelnden Netzen ermöglichen.

Der eine Vorschlag benutzt dazu Protokollelemente der X.25-Paket-
schicht oberhalb von X.21. Diese Protokollelemente werden dann
zwischen den Datenendeinrichtungen über das leitungsvermittelnde Netz
ausgetauscht.

Der zweite Vorschlag definiert Protokollelemente für die Vermittlungsschicht oberhalb von X.21. Diese Protokollelemente realisieren i.w.
die Dienste der ISO-Vermittlungsschicht. End-zu-End-Datenbestätigung
und Vorrangdatenübermittlung, wie sie in /ISO 8348/ vorgeschlagen
sind, werden hier nicht realisiert. So ist auch die Prozedur, die das
Reset definieren soll, derzeit noch nicht definiert.

2.4 Literatur

/Burk 83/   Burkhardt,H.J.; Eckert,K.J.; Krecioch,T.H.
            A Universal Network Independent Interface Based on the
            OSI-Network Service: Some Basic Thoughts
            Computers and Standards 2, 1983

/Burk 84/   Burkhardt,H.J.; Truöl,K.
            Das ISO-Referenzmodell für die Kommunikation offener
            Systeme, Seminarunterlage, GMD 1984

/ISO 3148/ ISO / TC 97 / SC 6
            Use of X.25 to Provide the OSI Connection Oriented Network
            Service, 1984

/ISO 3150/ ISO / TC 97 / SC 6/WG 2 N 19
            Liaison Statement to CCITT SG VII in the Provision of the
            OSI Connection Oriented Network Service over CSPDN, 1984

/ISO 8348/ DIN/ISO DIS 8348
            Information Processing Systems - Data Communications -
            Network Service Definition, 1984

/ISO 8348a/ DIN/ISO DP 8348/DAD2
            Information Processing Systems - Data Communications -
            Addendum to the Network Service Definition Covering
            Network Layer Addressing, 1984

3 X.25 – Das Protokoll der Schicht 2

3.1 Die CCITT-Empfehlung X.25

Um einen Eindruck zu vermitteln, welche Protokolle in real existieren-
den Teilnetzen verwendet werden, beschreiben Kapitel 3 und 4 die
CCITT-Empfehlung X.25. Auf die Beschreibung, wie /ISO 3148/ die
Elemente des OSI-CONS auf die Protokollelemente von X.25 abbildet,
wird hier bewußt verzichtet. Diese Details sind wohl mehr für den
Implementierer interessant, der dann auch nicht auf das Studium des
Originaldokumentes verzichten kann.

Die Empfehlung X.25 wurde 1976 vom CCITT vorläufig in Kraft gesetzt.
1980 erfolgte eine Überarbeitung, für 1984 ist eine weitere Anpassung
erfolgt. Die Empfehlung X.25 wurde aus dem Zwang heraus entwickelt,
Standards zu schaffen, die das Zusammenwirken von öffentlichen Datennetzen in verschiedenen Ländern erleichtern. Sie beschreibt das
Kommunikationsverhalten zwischen einer Datenendeinrichtung (DEE;
engl.: data terminal equipment: dte) und einer Datenübertragungs-
einrichtung (DÜE; engl.: data circuit equipment: dce) in Datennetzen
mit Paketvermittlung. Die Empfehlung X.25 unterscheidet drei Funk-
tionsebenen, die in ihrer Konzeption den unteren drei Schichten des
ISO-Referenzmodells entsprechen. Da im Zusammenhang mit X.25 i.a. da
von →Ebene gesprochen wird, wo das ISO-Referenzmodell von →Schicht
spricht, finden im folgenden die Begriffe Ebene und Schicht synonyme
Verwendung.

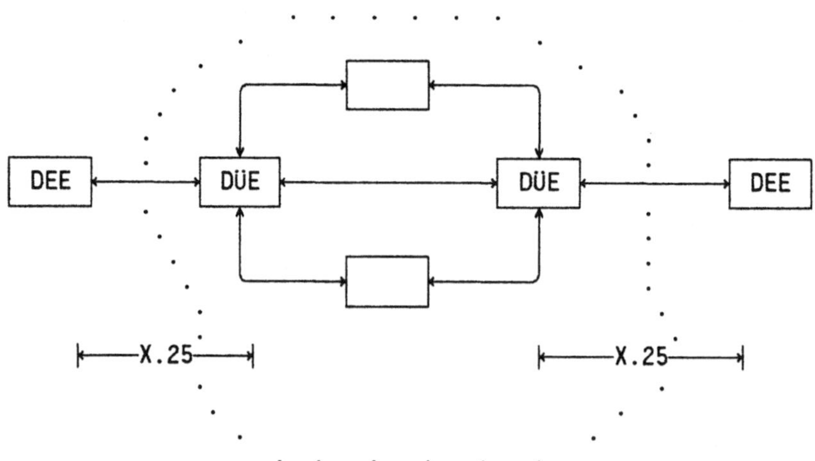

Abb. 3.1:   Geltungsbereich von X.25

Paketvermittlungsnetze verfügen über einige Charakteristika, die sie von herkömmlichen Datennetzen unterscheiden. Die Datenendeinrichtungen senden bzw. empfangen alle Nachrichten in Form von Paketen. Aufbau, Länge und Bedeutung der einzelnen Pakete werden in der Empfehlung X.25 festgelegt. Es sind zwei Strategien denkbar, die Wege festzulegen, die die Daten im Netz nehmen.

- →Datagrammtechnik
  Jedes Paket wird auf dem gerade günstigsten Weg durch das Netz geschleust und enthält die dafür nötigen Adreßinformationen. Die Wegewahl (→routing) erfolgt durch die Rechner in den Netzknoten.

- →virtual call
  Zwischen zwei Datenendeinrichtungen besteht weder eine fest geschaltete Verbindung noch werden einmal geschaltete Verbindungen exklusiv genutzt. Man spricht von einer virtuellen Verbindung.

Besteht zwischen zwei Datenendeinrichtungen eine virtuelle Verbindung, so nehmen alle Pakete denselben Weg über eben diese virtuelle Verbindung. Der Weg wird nur einmal beim Aufbau der Verbindung ausgewählt und ist von da an für die Dauer der Verbindung fest.

Im öffentlichen Datennetz der deutschen Bundespost, das im Paket-Modus arbeitet, dem Datex-P-Netz, erfolgt die Wegewahl nach dem virtual-call-Prinzip. Die Gebühren sind im wesentlichen volumenorientiert, da die Datenleitungen nur während des eigentlichen Datentransports von einer Verbindung genutzt, sonst aber freigegeben werden.

Die Bitübertragungsschicht

Die Schicht 1 des ISO-Referenzmodells dient der Bitübertragung zwischen Endsystem und Transitsystem. Die Bitübertragungsschicht erbringt an der Schnittstelle zur Schicht 2 folgende Dienste:

- Herstellung, Unterhaltung und Abbau von ungesicherten Systemverbindungen

- Transparente Bitübertragung

Die Bitübertragungsschicht wird innerhalb der CCITT-Empfehlung X.25 durch die CCITT-Empfehlung X.21 realisiert. Auf diese Empfehlung wird hier nicht näher eingegangen. Näheres entnimmt man /CCITT 80/ und /CCITT 81/.

3.2 Die Sicherungsschicht

Die Schicht 2 hat im ISO-Referenzmodell die Aufgabe, gesicherte Systemverbindungen zur Verfügung zu stellen. Dazu bietet die Sicherungsschicht an der Schnittstelle zur Schicht 3 folgende Dienste an:

- Auf- und Abbau von gesicherten Systemverbindungen
- Übertragen von Daten zwischen Partner-Instanzen der Schicht 3
- Meldung von nicht behebbaren Fehlern an die Instanz der Schicht 3

Um diese Dienste zur Verfügung zu stellen, sind u.a. folgende Funktionen zu realisieren:

- Herstellen und Freigeben von Schicht-2-Verbindungen
- Abbildung von Dienstelementen auf entsprechende Protokolldaten-einheiten
- Erhaltung der Übertragunsreihenfolge
- Fehlererkennung und - soweit möglich - Fehlerbehebung
- Verfahren zur Regulierung des Datenflusses, die sicherstellen, daß eine Instanz nicht mit mehr Daten 'überflutet' wird, als sie gerade empfangen kann

Der CCITT empfiehlt als Realisierung der Sicherungsschicht innerhalb der X.25 die ISO-Prozedur HDLC (high level data link control). Innerhalb dieser Prozedur wird speziell die Variante LAP B (link access procedure balanced) vorgeschlagen, deren wesentliche Aspekte im folgenden beschrieben sind.

Nach Definition ist ein Protokoll eine Sammlung von Datenformaten und zugehörigen Regeln, nach denen die Protokollelemente ausgetauscht werden. Die Protokolldateneinheiten der LAP B heißen →Blöcke (→frames). Alle Blöcke haben folgenden Aufbau:

flag	Adresse	Steuerfeld	Datenfeld	FCS	flag
1 byte	1 byte	1 byte	0-131 bytes	2 bytes	1 byte

Die einzelnen Elemente haben folgende Bedeutung:

flag: Blockbegrenzung
Schließt den Block am Anfang und am Ende ab (0111 1110); werden zwei Blöcke unmittelbar hintereinander übertragen, braucht zwischen beiden nur ein →flag zu stehen; ansonsten senden DÜE und DEE auf einer HDLC-Verbindung permanent flags, solange keine Daten übertragen werden

Adresse: Man unterscheidet zwei Adressen
DÜE: X'01' (Adresse B)
DEE: X'03' (Adresse A)
Die Adressen dienen dazu, die Funktion einiger Blocktypen
zu unterscheiden (s. Tab. 3.2). Blöcke können als Befehle
oder als Meldung auftreten. Befehle haben immer die
Adresse der Gegenstelle, Meldungen enthalten die eigene
Adresse

$$\boxed{A} \quad \frac{\text{Befehl (Adresse B)}}{\text{Meldung (Adresse A)}}> \quad \boxed{B}$$

Steuerfeld: Im Steuerfeld sind die unterschiedlichen Blocktypen verschlüsselt. Der genaue Aufbau des Steuerfelds ist bei den
einzelnen Blöcken beschrieben.

Datenfeld: Das Datenfeld enthält die Daten der Schicht 3 so, wie
sie an der Schnittstelle 2/3 übergeben werden. Die Länge
des Datenfeldes richtet sich folglich nach der Länge der
übergebenen Daten und kann somit zwischen 0 und derzeit
131 Bytes betragen

FCS: Blockprüfungsfeld oder Blockprüfzeichenfolge (frame
checking sequence)
Die beiden FCS-Bytes dienen der Sicherung der Datenüber-
tragung. Man erzeugt die FCS-Bytes, indem man den gesamten
Block (alles zwischen Beginn- und Ende-flag) durch ein
Generatorpolynom teilt und den invertierten Rest überträgt

Da die Benutzerdaten beliebige Codes enthalten können, muß dafür
gesorgt werden, daß zufällig auftretende flagartige Bitmuster nicht
als flags interpretiert werden. Um die →Transparenz der Schicht-3-
Daten sicherzustellen, wird bei der bitweisen Übertragung nach jeder
zusammenhängenden Folge von fünf '1'-en eine 0 eingeblendet. Entsprechend wird beim Empfang nach jeder Folge von fünf '1'-en die 0
ausgeblendet und damit der ursprüngliche Bitstring wiederhergestellt.
Selbstverständlich findet dieses Verfahren auf flags keine Anwendung.

Beispiel: 0   0
                         | |
Sender: 011111 101011111 0101
auf der Leitung: 011111010101111100101
Empfänger: 011111 101011111 0101

Die gesicherte Datenübertragung wird neben der FCS-Prüfung dadurch
gewährleistet, daß Datenblöcke mit einer fortlaufenden Nummer N(S)
versehen werden. Entsprechend gibt es eine Empfangsfolgenummer N(R),
deren Übertragung signalisiert, daß als nächstes der Block mit der
Nummer N(R) erwartet wird, und daß alle Blöcke bis einschließlich
N(R)-1 korrekt empfangen wurden. Die Folgenummern N(S) und N(R) können
Werte von 0 bis 7 annehmen, d.h. die Zählung erfolgt modulo 8.

3.2.1 Blockformate

Die Übermittlungsvorschrift →HDLC kennt drei Blockformate zur Abwicklung des Protokolls. Die Codierung des Steuerfelds zeigt die folgende Tabelle.

Steuerfeld Bits	1	2	3	4	5	6	7	8
I-Block	0		N(S)		P/F		N(R)	
S-Block	1	0	S	S	P/F		N(R)	
U-Block	1	1	M	M	P/F	M	M	M

Dabei bedeuten:

N(S)   Sendefolgenummer (Bit 2 = Bit mit niedrigster Wertigkeit)
N(R)   Empfangsfolgenummer (Bit 6 = Bit mit niedrigster Wertigkeit)
S   Bits für Steuerungszwecke
M   Bits zur Spezifizierung der Steuerungsfunktion
P/F   Bit zum Sendeaufruf im Zusammenhang mit Befehlen, Bit für
       Ende-Anzeige im Zusammenhang mit Meldungen (1 = Aufruf/Schluß)

I-Blöcke dienen der Übermittlung von Daten, die an der 2/3-Schnittstelle übergeben wurden. Ist das P/F-Bit gesetzt (P/F = poll/final), wird damit in Befehlen die Gegenstation aufgefordert, auf den übermittelten Block zu reagieren. In Meldungen signalisiert das P/F-Bit eine entsprechende Reaktion.

S-Böcke dienen der Steuerung der Datenübermittlung und enthalten deshalb Folgenummern.

U-Blöcke steuern die Verbindung zwischen DÜE und DEE. Sie enthalten keine Folgenummern.

3.2.2 Bedeutung der Blöcke

Im einzelnen werden zwischen DÜE und DEE folgende Befehle und
Meldungen ausgetauscht:

			1 2 3 4	5	6 7 8
Format	Befehle	Meldungen	Codierung		
I: Information Transfer (Datenübermittlung	I-Information (Daten/Text)		0 N(S)	P	N(R)
S: Supervisory (Steuerung)	RR-Receive Ready (empfangsbereit)	RR-Receive Ready (empfangsbereit)	1 0 0 0	P/F	N(R)
	RNR-Receive Not Ready (nicht empfangsbereit)	RNR-Receive Not Ready (nicht empfangsbereit)	1 0 1 0	P/F	N(R)
	REJ-Reject (Wiederholungsaufforderung	REJ-Reject (Wiederholungsaufforderung	1 0 0 1	P/F	N(R)
U: Unnumbered (ohne Folgenummern		DM-Disconnected Mode (abgebrochen)	1 1 1 1	P/F	0 0 0
	SABM-Set Asynchronous Balanced Mode (beginne gleichberechtigten Spontanbetrieb		1 1 1 1	P	1 0 0
	DISC-Disconnect (abbrechen)		1 1 0 0	P	0 1 0
		UA-Unnumbered Acknowledge (Bestätigung ohne Folge-Nr.)	1 1 0 0	F	1 1 0
		CMDR-Command Reject (Rückweisung des Befehls); FRMR-Frame Reject (Rückweisung des Blockes)	1 1 1 0	F	0 0 1

Tabelle 3.2: Befehle und Meldungen /CCITT 80/

I-Block

Ein I-Block enthält im Datenfeld beliebige Texte, die aus der
Schicht 3 zum Transport übergeben wurden. N(S) enthält den aktuellen
Sendefolgezähler, N(R) quittiert implizit den korrekten Empfang bis
einschließlich Block N(R)-1. Das P/F-Bit fordert, sofern es gesetzt
ist, die Gegenstelle zu einer Meldung auf.

Steuerungsblöcke

RR (receive ready)

Ein RR-Block hat zwei Funktionen:
- er zeigt an, daß die Station (wieder) empfangsbereit ist (hebt die
  Wirkung von RNR auf)
- er quittiert explizit den korrekten Empfang vorangegangener Datenblöcke bis zur Nummer N(R)-1

Wird ein RR-Block mit P-Bit übertragen, veranlaßt er die Gegenstation,
ihren gegenwärtigen Zustand zu übermitteln, d.h. einen RR- oder
RNR-Block als Meldung zurückzusenden.

RNR (receive not ready)

Die Station, die einen RNR-Block absetzt, meldet der Gegenseite, daß
sie vorübergehend nicht empfangsbereit ist. Gleichzeitig werden alle
Blöcke bis zur Folgenummer N(R)-1 als korrekt empfangen quittiert. Die
Wirkung des RNR-Blocks wird durch Aussenden eines UA-, RR-, REJ- oder
SABM-Blocks aufgehoben, d.h. mit der Übertragung eines dieser Blöcke
wird erneut Empfangsbereitschaft signalisiert.

REJ (reject)

Mit einem REJ-Block wird die Gegenstation aufgefordert, alle I-Blöcke
ab der Nummer N(R) evtl. neu zu übertragen. Ein REJ-Block wird dann
übermittelt, wenn zwar das Blockprüfungsfeld eines empfangenen Blocks
korrekt war, die Folgenummern aber Fehler aufweisen. Es darf immer nur
ein REJ in jeder Übertragungsrichtung ausstehen. Der Zustand ist
beendet, wenn der angeforderte Block mit der Nummer N(R) eintrifft.

Steuerblöcke ohne Folgenummern

SABM (Set Asynchronous Balanced Mode)

Mit diesem Befehl wird die Gegenstation aufgefordert, in die Datenphase des 'gleichberechtigten Spontanbetriebs' überzugehen. SABM wird
mit UA beantwortet. Dann werden alle internen Zähler auf Null gesetzt.

DISC (Disconnect)

Die sendende Station hält durch Aussenden von DISC die Übermittlung
an. Nach Erhalt der Meldung UA befindet sich die Station im Zustand
'abgebrochen'.

UA (Unnumbered Acknowledge):

UA bestätigt SABM- und DISC-Befehle, die erst nach dieser Bestätigung
ausgeführt werden.

DM (Disconnected Mode)

DM wird von einer Station gemeldet, die sich nach der Sequenz DISC-UA
im Zustand 'abgebrochen' befindet und z.Zt. den Übergang in eine
andere Phase (z.B. Datenphase) nicht vollziehen kann.

CMDR (Command Reject) / FRMR (Frame Reject)

Die Meldung CMDR/FRMR zeigt einen Fehler an, der nicht durch Block-
wiederholung zu beheben ist. Das Blockprüfungsfeld ist korrekt und es
ist einer der folgenden Fehler aufgetreten:

- ein Befehl oder eine Meldung enthält im Steuerfeld eine ungültige
  Codierung
- ein Datenblock ist zu lang
- die empfangene Folgennummer N(R) ist ungültig
- ein U- oder ein S-Block hat eine falsche Länge

Die CMDR/FRMR-Meldung enthält ein Datenfeld (3 Bytes), in dem die
Gründe für die Rückweisung angegeben sind.

3.3 Protokollablauf

Interne Größen und Systemparameter

Neben den bereits eingeführten Folgenummern $N(R)$ und $N(S)$ werden bei DEE und DÜE folgende Größen mit der angegebenen Bedeutung geführt:

$V(S)$: Sendefolgezähler
$V(S)$ enthält die Nummer, mit der der nächste Datenblock zu senden ist. $V(S)$ wird mit jedem ausgesandten Datenblock um 1 erhöht (modulo 8).

$VO(S)$: ältester unbestätigter Datenblock
$VO(S)$ enthält die letzte von der Partnerstation übermittelte Folgenummer $N(R)$. Der Abstand zwischen $VO(S)$ und $V(S)$ darf bei einer Numerierung modulo 8 nie größer als 7 werden. $VO(S)$ wird mit jeder empfangenen $N(R)$ entsprechend erhöht. Die Berechnung erfolgt modulo 8.

$V(R)$: Empfangsfolgezähler
$V(R)$ enthält die Folgenummer $N(S)$ des nächsten erwarteten Datenblocks. Sobald ein fehlerfreier Datenblock mit $N(S)$ = $V(R)$ empfangen wird, erhöht sich $V(R)$ um 1. Die Erhöhung erfolgt auch hier modulo 8.

K : erlaubte maximale Anzahl ausstehender (d.h. unquittierter) Datenblöcke. Werden $N(R)$ und $N(S)$ modulo 8 numeriert, darf K nicht größer werden als 7.

$T1$: Timer für Zeitüberwachung

$N2$: Höchste Anzahl von Wiederholungen

$N3$: Höchste Anzahl von Bits in einem Block

Der Protokollablauf ist in Zeitdiagrammen beschrieben. Man denke sich die Zeitachse in senkrechter Richtung. Die Protokollelemente, die Folgenummern enthalten, sind folgendermaßen notiert:

```
    I (N(R),N(S))    für einen Datenblock
   RR (N(R))         für RR
  RNR (N(R))         für RNR
  REJ (N(R))         für REJ
```

Das Auftreten des P/F-Bits ist jeweils gesondert mit P bzw. F hinter dem Block angegeben.

3.3.1 Verbindungsaufbau bzw. -abbau

SABM und DISC werden mit UA beantwortet.

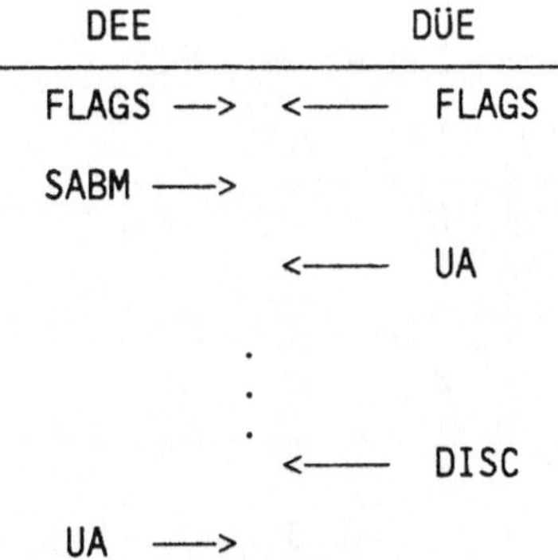

Die Befehle SABM und DISC sind zeitüberwacht. Mit Aussenden der
Befehle beginnt die aussendende Station also die Zeitüberwachung T1.
Wenn T1 abläuft, bevor die Meldung UA eintrifft, wird der Befehl (SABM
bzw. DISC) noch einmal gesendet. Dieser Zyklus wird höchstens N2-mal
durchlaufen. Sobald die Meldung UA eintrifft, werden die internen
Variablen initialisiert. Jetzt befinden sich beide Stationen in der
Datentransferphase.

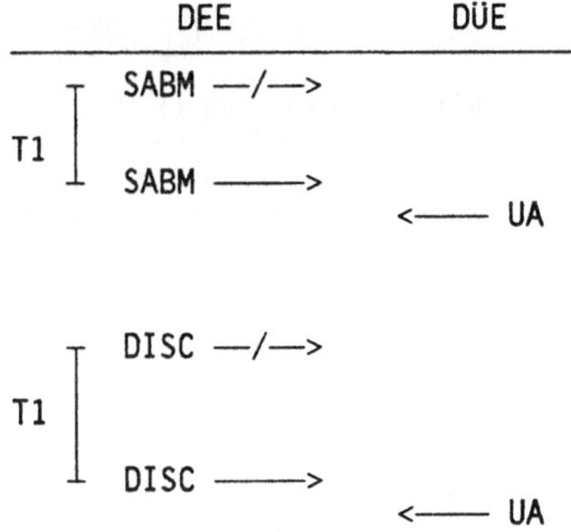

3.3.2 Protokollverhalten in der Datenphase

In der Datenphase werden alle ankommenden Folgenummern mit den korrespondierenden internen Zählern verglichen. Solange beide Stationen Datenblöcke zu übertragen haben, kann die Quittierung empfangener Blöcke implizit im Datenblock erfolgen.

DÜE	DEE	interne Zähler der DEE		
		VO(S)	V(S)	V(R)
		0	0	0
	<—— I(0,0)		1	
	<—— I(0,1)		2	
	<—— I(0,2)		3	
I(3,0) ——>		3		1
I(3,1) ——>				2
	<—— I(2,3)		4	

Wenn für eine Quittierung kein übertragungsbereiter Datenblock vorliegt, wird die Quittung explizit in einem RR-Block übermittelt. Darüberhinaus gibt es Installationen, die prinzipiell explizit quittieren.

DÜE	DEE	interne Zähler der DEE		
		VO(S)	V(S)	V(R)
	<—— I(2,4)	3	5	2
	<—— I(2,5)		6	
RR(6) ——>		6		
	<—— I(2,6)		7	
	<—— I(2,7)		0	
	<—— I(2,0)		1	
RR(1) ——>		1		

Wenn aus einer Folge von Datenblöcken bei der Übertragung einer verloren geht, stellt das der Empfänger daran fest, daß der nächste Block dieser Folge nicht mehr in der Nummernsequenz numeriert ist. Der Empfänger überträgt einen REJ-Block und fordert damit eine erneute Übertragung aller Datenblöcke - beginnend mit dem fehlenden - an.

DEE	DÜE	interne Zähler der DÜE		
		VO(S)	V(S)	V(R)
		0	0	0
I(0,0) ——>				1
I(0,1) -/->				
I(0,2) ——>				2≠1
	<—— REJ(1)			
I(0,1) ——>				
				2
I(0,2) ——>				
				3
	<—— RR(3)			

Betrifft der oben beschriebene Verlust nicht einen Datenblock innerhalb der Übertragungsfolge, sondern gerade den letzten Block, so kann
dieser Fehler beim Empfänger nicht aufgedeckt werden. Dieser Fehler
wird vom Sender dadurch behoben, daß jeweils für den ältesten
unquittierten Block eine Zeitüberwachung angestoßen wird. Läuft der
Timer ab, ohne daß eine Quittung eintrifft, wird der betreffende Block
erneut übertragen.

DÜE	DEE	interne Zähler der DEE		
		VO(S)	V(S)	V(R)
		0	0	0
	<—— I(0,0)		1	
	<-/— I(0,1)		2	
RR(1) ——>	timer	1		
	<—— I(0,1)			
RR(2) ——>				

Wenn eine Station nicht mehr in der Lage ist, Datenblöcke der
Gegenseite zu verarbeiten, kann sie das durch Übermittlung eines
RNR-Blocks signalisieren. Die Gegenstation fragt mit RR-Befehlen nach,
wann die Station wieder empfangsbereit ist (Zeitüberwachung).

DEE	DÜE	interne Zähler der DEE		
		VO(S)	V(S)	V(R)
		0	0	0
I(0,0) —>			1	
I(0,1) —>			2	
<t i m e r RR(0)P —>	<—— RNR(2)	2		
	<—— RNR(2)F			
	<—— RR(2)			
I(0,2)			3	

Die angegebenen Regeln beschreiben den wesentlichen Ablauf der Übermittlungsvorschrift HDLC. Detailliertere Informationen entnimmt man
/CCITT 80/ bzw. /CCITT 81/.

3.4 Literatur

/CCITT 80/ Data Communication Networks, Service and Facilities, Terminal Equipment and Interfaces Recommendations X.1 - X.29, Yellow Book, Vol VIII, Facicle VIII. 2; CCITT, VIIth Plenary Assembly, Geneva 1980

/CCITT 81/ CCITT-Empfehlungen der V-Serie und der X-Serie, Band 1, Datenpaketvermittlung - Internationale Standards, 4. erweiterte Auflage, übersetzt und bearbeitet von W. Tietz und M. Gießler, Heidelberg: R. v. Decker's Verlag, G. Schenck, 1981

/FTZ 80/   Benutzerhandbuch DATEX-P, Darmstadt: Fernmeldetechnisches Zentralamt 1980

/Gör 84/   Görgen,K., Koch,H., Schulze,G., Struif,B., Truöl,K. : Grundlagen der Kommunikationstechnologie - ISO-Architektur offener Kommunikationssysteme, Heidelberg: Springer 1984

/ISO 3148/ ISO / TC 97 / SC 6 Use of X.25 to Provide the OSI Connection Oriented Network Service, 1984

4 X.25 – Das Protokoll der Schicht 3

4.1 Die Vermittlungsschicht

Im ISO-Referenzmodell übernimmt die Vermittlungsschicht den transparenten Datenaustausch zwischen →Endsystemen. Sie vermittelt dazu einen geeigneten Datenpfad über Transitsysteme. An der Schnittstelle zur Schicht 4 stellt die Vermittlungsschicht folgende Dienste zur Verfügung:

- Aufbau und Abbau von Endsystemverbindungen zwischen zwei Schicht-4-Instanzen

- transparente Übertragung von Benutzerdaten zu bekannten Kosten

- verschiedene bei Verbindungsaufbau zu vereinbarende Qualitätsparameter, die dann für die ganze Verbindung gelten

- Meldung nicht behebbarer Fehler

- →Vorrang-Datenübermittlung

- Rücksetzen (reset) einer Endsystemverbindung

Dabei sind in der Vermittlungsschicht u.a. folgende Funktionen realisiert:

- Vermittlung zwischen Endsystemen, d.h. Routenwahl und Betriebsmittelzuordnung

- →Multiplexen mehrerer Endsystemverbindungen auf eine gesicherte Systemverbindung zur kostengünstigen Ausnutzung des Betriebsmittels 'Systemverbindung'

- Übertragung von normalen und vorrangigen Benutzerdaten. Vorrangdaten werden in der Vermittlungsschicht mit Vorrang vor etwa in einer Warteschlange zur Übertragung anstehenden Daten behandelt

- Segmentieren und Blocken von Benutzerdaten zur Vereinfachung ihrer Übertragung

- Fehlererkennung und -behebung bei der Datenübertragung, um eine vereinbarte Qualität des Vermittlungsdienstes zu erbringen

- →Flußregelung zur Steuerung des Datenstromes zwischen den Partner-3-Instanzen

Für die Vermittlungsschicht beschreibt die →Paketebene von X.25 die Protokolldatenformate - →Pakete - und den Protokollablauf zur Realisierung des Vermittlungsdienstes. Da der in der Empfehlung X.25 ebenfalls beschriebene Datagrammdienst nicht von allen Postnetzen bereitgestellt wird, wird hier auf seine Beschreibung verzichtet. Die Betrachtung konzentriert sich auf die wesentlichen Aspekte von festen virtuellen Verbindungen (FVV) und gewählten virtuellen Verbindungen (GVV) - (engl. Bezeichnungen: permanent virtual call (PVC); switched virtual call (SVC))

Um mehrere dieser Verbindungen gleichzeitig betreiben zu können, wird jeder einzelnen Verbindung eine Kanalgruppennummer (<15) und eine Kanalnummer (0-255) zugeteilt. Man unterscheidet also auf einer Systemverbindung mehrere →logische Kanäle. Ein logischer Kanal wird einer festen virtuellen Verbindung bereits bei der Einrichtung des Anschlusses zugeteilt. Für gewählte virtuelle Verbindungen wird diese Zuordnung während des Verbindungsaufbaus vorgenommen. Die Nummernräume für beide Verbindungsarten werden bei der Einrichtung des Anschlusses festgelegt.

Die Pakete lassen sich in fünf Gruppen von Pakettypen einteilen:

- Verbindungsherstellung und -auslösung (Call set-up and clearing)
- Daten und Unterbrechung (Data and interrupt)
- Flußregelung und Rücksetzen (Flow control and reset)
- Restart
- Diagnose (Diagnostic)

Alle Pakete sind mindestens 3 Byte lang und haben für die ersten drei Bytes folgendes Standardformat:

Bit 8	7	6	5	4	3	2	1

Byte	
1	Kennzeichen für das Grundformat	logische Kanalgruppennummer
2	logische Kanalnummer
3	Kennzeichen für den Pakettyp

- Kennzeichen für das Grundformat
  hat bei einer Numerierung der Datenpakete mod 8 den Wert 0001, bei einer Numerierung mod 128 den Wert 0010

- logische Kanalgruppennummer
  enthält die Kanalgruppennummer für den betreffenden logischen Kanal (Werte: 0-15)

- logische Kanalnummer
  enthält die Kanalnummer für den betreffenden logischen Kanal (Werte: 0-255)

- Kennzeichen für den Pakettyp
  enthält die Verschlüsselung für die einzelnen Pakettypen, die in der folgenden Tabelle aufgeführt sind

Pakettyp		Verbindungsart	
Von DÜE zur DEE	**Von DEE zur DÜE**	GVV (SVC)	FVV (PVC)
Verbindungsherstellung und -auslösung (call set-up and clearing):			
Ankommender Anruf (incoming call)	Verbindungsanforderung (call request)	x	
Verbindung hergestellt (call connected)	Annahme des Anrufes (call accepted)	x	
Auslösungsanzeige (clear indication)	Auslösungsanforderung (clear request)	x	
DÜE-Auslösungsbestätigung (DCE clear confirmation)	DEE-Auslösungsbestätigung (DTE clear confirmation)	x	
Daten und Unterbrechung (data and interrupt):			
DÜE Daten (DCE data)	DEE Daten (DTE data)	x	x
DÜE-Unterbrechung (DCE interrupt)	DEE-Unterbrechung (DTE interrupt)	x	x
DÜE-Unterbrechungs- bestätigung (DCE interrupt confirmation)	DEE-Unterbrechungs- bestätigung (DTE interrupt confirmation)	x	x
Flußregelung und Rücksetzen (flow control and reset):			
DÜE-empfangsbereit (RR) (DCE receive ready)	DEE-empfangsbereit (RR) (DTE receive ready)	x	x
DÜE-nicht- empfangsbereit (RNR) (DCE receive not ready)	DEE-nicht- empfangsbereit (RNR) (DTE receive not ready)	x	x
Rücksetzanzeige (reset indication)	Rücksetzanforderung (reset request)	x	x
DÜE-Rücksetzbestätigung (DCE reset confirmation)	DEE-Rücksetzbestätigung (DTE reset confirmation)	x	x
Restart:			
Restart-Anzeige (restart indication)	Restart-Anforderung (restart request)	x	x
DÜE-Restart-Bestätigung (DCE restart confirmation)	DEE-Restart-Bestätigung (DTE restart confirmation)	x	x
Diagnose (diagnostic):			
Diagnose (nicht in allen Netzen verfügbar)		x	x

Abb. 4.1: Pakettypen und ihre Anwendung

4.2 Die Protokollelemente der Vermittlungsschicht

4.2.1 Restart

Ein Restart kann von der DÜE oder der DEE ausgelöst werden. Er dient
dazu, alle logischen Kanäle an der Schnittstelle DÜE/DEE zu initiali-
sieren. Das heißt für feste virtuelle Verbindungen das Zurücksetzen
der logischen Kanäle und für gewählte virtuelle Verbindungen die
Auflösung evtl. bestehender Verbindungen. Kollidieren die Restarts von
DÜE und DEE, wird die Kollision dadurch aufgelöst, daß beide Seiten
den Restart der Gegenseite als Bestätigung für die eigene Anforderung
interpretieren.

Ein Restart wird durch die Pakete 'Restart-Anforderung' (DEE) bzw.
'Restart-Anzeige' (DÜE) angestoßen. Der Pakettyp ist mit X'FB' verschlüsselt. Kanalnummer und Kanalgruppen werden 0 gesetzt.

Byte	Bit 8	7	6	5	4	3	2	1
1	Kennzeichen des Grundformates				0	0	0	0
2	0	0	0	0	0	0	0	0
3	Kennzeichen für den Pakettyp							
	1	1	1	1	1	0	1	1
4	Grund für den Restart							
5	Diagnoseangaben							

Abb. 4.2: Format für Pakete 'Restart-Anforderung' und 'Restart-Anzeige'

Das Byte 4 kann folgende Gründe für den Restart enthalten:

	Bits	8	7	6	5	4	3	2	1
Örtlicher Ablauffehler		0	0	0	0	0	0	0	1
Netz überlastet		0	0	0	0	0	0	1	1
Netz betriebsfähig		0	0	0	0	0	1	1	1

Im Byte 5 können diese Gründe weiter spezifiziert werden. Die
Bestätigung für den Restart erfolgt mit den Paketen 'DÜE-Restart-
Bestätigung' bzw. 'DEE-Restart-Bestätigung' (X'FF')

Byte	Bit 8	7	6	5	4	3	2	1
1	Kennzeichen des Grundformates				0	0	0	0
2	0	0	0	0	0	0	0	0
3	Kennzeichen für den Pakettyp							
	1	1	1	1	1	1	1	1

Abb. 4.3:   Format für Pakete 'DÜE-Restart-Bestätigung' und
'DEE-Restart-Bestätigung'

4.2.2 Diagnose

Diagnose-Pakete werden nur von der DÜE gesendet (nicht in allen
Netzen). Es werden Fehler angezeigt, die mit anderen Mitteln (z.B.
Restart) nicht zufriedenstellend signalisiert werden können. Es han-
delt sich im allgemeinen um Fehler, die sich in dieser Schicht nicht
beseitigen lassen. Der Zustand eines logischen Kanals wird durch den
Empfang eines Diagnose-Pakets nicht verändert.

4.2.3 Verbindungsherstellung und -auslösung

Pakete aus dieser Gruppe werden nur für gewählte virtuelle Verbindungen benötigt. Soll ein SVC aufgebaut werden, setzt die DEE an die DÜE das Paket 'Verbindungsanforderung' ab. Die Anforderung wird durch das Netz weitergereicht und wird bei der gerufenen Partner-DEE von der zugehörigen DÜE als 'ankommender Anruf' gemeldet. Die beiden Pakete haben folgenden Aufbau:

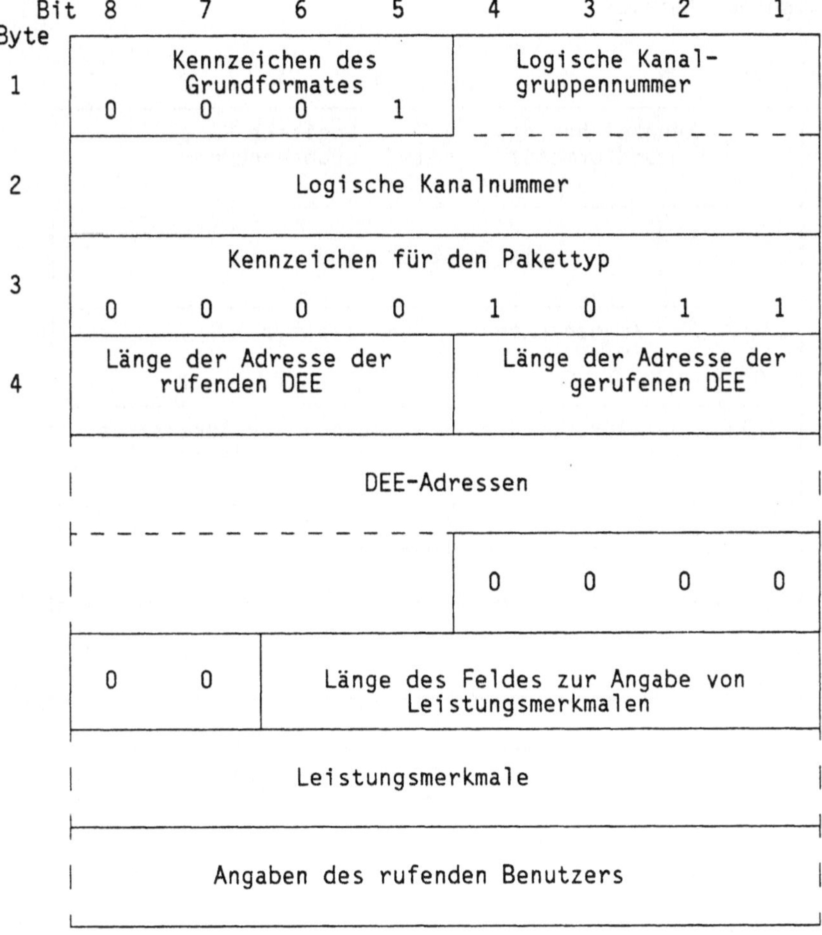

Abb. 4.4: Format für Pakete 'Verbindungsanforderung' und 'Ankommender Anruf'

Die Codierung für den Pakettyp ist X'0B', das vierte Byte gibt die Adresslänge der beteiligten DTEs an. Wenn die Adresse der DTE eine ungerade Länge hat (nur Angabe der Zieladresse), wird das letzte Adreßbyte mit X'0' aufgefüllt. Das nächste Byte gibt die Länge des

Feldes für Leistungsmerkmale an. Die einzelnen Netze stellen unterschiedliche Leistungen zur Verfügung, die hier für eine Verbindung
ausgewählt werden können. Die letzten maximal 16 Bytes enthalten
Angaben des rufenden Benutzers. Häufig wird damit die Auswahl für
Protokollvarianten höherer Schichten getroffen.

Will eine DTE einen ankommenden Ruf annehmen, setzt sie ein Paket
'Annahme des Anrufes' ab. Entsprechend signalisiert die DÜE mit dem
Paket 'Verbindung hergestellt', daß die Gegenstelle den Ruf angenommen
hat, die Verbindung also zustande gekommen ist. Die beiden Pakete
haben folgenden Aufbau:

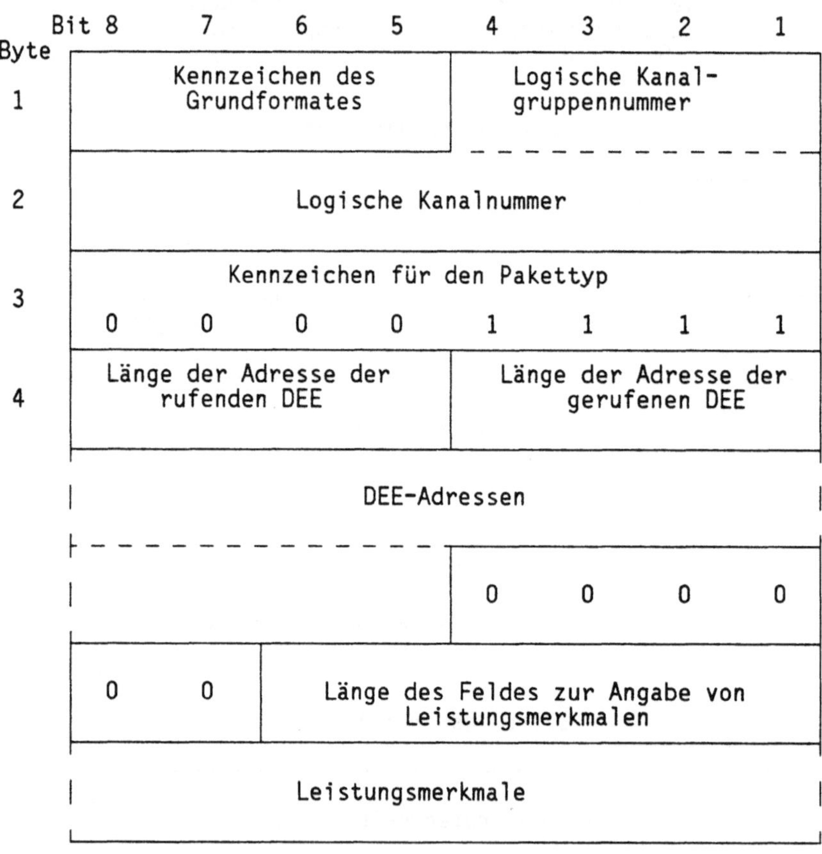

Abb. 4.5: Format für Pakete 'Annahme des Anrufes'
und 'Verbindung hergestellt'

Der Pakettyp ist mit X'OF' codiert, die Angaben über die Leistungsmerkmale können auch entfallen.

Um eine Verbindung auszulösen, setzt eine DEE ein Paket 'Auslösungsanforderung' ab, das als 'Auslösungsanzeige' bei der Partner-DEE
abgeliefert wird.

<pre>
      Bit 8   7   6   5   4   3   2   1
 Byte   ┌───────────────────────────┬───────────────────────────┐
         │   Kennzeichen des   │   Logische Kanal-   │
   1   │   Grundformates   │   gruppennummer   │
         ├───────────────────────────┴───────────────────────────┤
         │   │
   2   │   Logische Kanalnummer   │
         ├──┤
         │   Kennzeichen für den Pakettyp   │
   3   │   │
         │   0   0   0   1   0   0   1   1   │
         ├──┤
         │   │
   4   │   Grund der Auslösung   │
         ├──┤
         │   │
   5   │   Diagnoseangaben   │
         └──┘
</pre>

Abb. 4.6: Format für Pakete 'Auslösunganforderung' und
'Auslösungsanzeige'

Der Pakettyp ist mit X'13' codiert. Für den Grund der Auslösung sind
folgende Codierungen vorgesehen:

	Bits	8	7	6	5	4	3	2	1
Auslösung durch DEE		0	0	0	0	0	0	0	0
Gegenstelle belegt		0	0	0	0	0	0	0	1
Störung/außer Betrieb		0	0	0	0	1	0	0	1
Ablauffehler der Gegenstelle		0	0	0	1	0	0	0	1
Gebührenübernahme nicht vereinbart *		0	0	0	1	1	0	0	1
Unverträgliches Ziel		0	0	1	0	0	0	0	1
Annahme von Einzelpaketen nicht vereinbart *		0	0	1	0	1	0	0	1
Ungültige Leistungsmerkmalanforderung		0	0	0	0	0	0	1	1
Zugang nicht verfügbar		0	0	0	0	1	0	1	1
Örtlicher Ablauffehler		0	0	0	1	0	0	1	1
Netz überlastet		0	0	0	0	0	1	0	1
Ziel nicht erreichbar		0	0	0	0	1	1	0	1
Leitwegstörung *		0	0	0	1	0	1	0	1

* Trifft nur zu, wenn das betr. wahlfreie Leistungsmerkmal
angewendet wird.

Abb. 4.7: Codierung des Feldes 'Grund der Auslösung' im Paket
'Auslösungsanzeige'

Eine DEE muß im Paket 'Auslösungsanforderung' keine Diagnoseangaben
machen. Wenn solche Angaben gemacht sind, werden sie im Paket
'Auslösungsanzeige' unverändert weitergegeben.

Die DEE beantwortet die 'Auslösungsanzeige' mit einer 'DEE-Auslösungsbestätigung'. Entsprechend quittiert die DÜE die 'Auslösungsanforderung' mit einer 'DÜE-Auslösungsbestätigung'. Der Pakettyp ist
mit X'17' verschlüsselt.

Bit	8	7	6	5	4	3	2	1
Byte 1	Kennzeichen des Grundformates				Logische Kanal-gruppennummer			
2	Logische Kanalnummer							
3	Kennzeichen für den Pakettyp							
	0	0	0	1	0	1	1	1

Abb. 4.8: Format für Pakete 'DÜE-Auslösungsbestätigung' und
'DEE-Auslösungsbestätigung

4.2.4 Daten und Unterbrechung

Wenn eine Verbindung aufgebaut ist, können unabhängig voneinander
beide DEEs Daten senden bzw. empfangen. Eine DEE sendet ein Paket
'DEE-Daten' und empfängt über die DÜE 'DÜE-Daten' von der Gegenseite.

Bits	8	7	6	5	4	3	2	1
1	Q	Kennzeichen des Grundformates D 0		1	Logische Kanal-gruppennummer			
2	Logische Kanalnummer							
3	P(R)			M	P(S)			0
	Benutzerdaten							

Abb. 4.9: Format für Pakete 'DÜE-Daten' und 'DEE-Daten'

Dabei bedeutet:

Q: Unterscheidungs-Bit (qualifier bit)
        Hat Bedeutung bei Benutzung der Schnittstelle X.29

D: Übergabe-Bestätigungs-Bit (delivery confirmation bit)
        Gibt an, ob die DEE eine Ende-zu-Ende-Bestätigung für die
        Datenpakete wünscht

M: Folgepaket-Bit (more data bit)
        M=1: Paket gehört zu einer Paketfolge
        M=0: Paket ist letztes Paket einer Folge (nach mehreren
              Paketen mit M=1) oder ist Einzelpaket

P(S):   Paket-Sendelaufnummer
        Numeriert ausgesendete Datenpakete für einen logischen Kanal
        (Bedeutung entspricht N(S) bei HDLC)

P(R):   Paket-Empfangslaufnummer
        Quittiert erhaltene Datenpakete für einen logischen Kanal.
        Signalisiert, daß als nächstes das Paket mit der Nummer P(R)
        erwartet wird, und daß alle Pakete bis zur Nummer P(R)-1
        korrekt empfangen wurden (Bedeutung entspricht N(R) bei HDLC)

Genau wie für die HDLC-Verbindung ist auch für jeden logischen Kanal
zwischen DÜE und DEE ein →Fenster W definiert. Die Standard-Fenster-
größe ist W=2. Andere Fenstergrößen können festgelegt werden. Die
verabredete Fenstergröße gilt an der Schnittstelle für jede Übertragungsrichtung. Sobald W Pakete in einer Richtung übertragen sind,

muß das Fenster vor der Übertragung des nächsten Pakets erst durch ein entsprechendes P(R) 'geöffnet' werden.

Während des Datentransfers kann jede DEE ein Paket 'DEE-Unterbrechung' absetzen, um der Gegenstelle eine Kurznachricht zukommen zu lassen. Die Unterbrechung wird dort mit dem Paket 'DÜE-Unterbrechung' angezeigt. Die übermittelte Information besteht aus einem Byte, der Pakettyp ist mit X'23' verschlüsselt.

Bit	8	7	6	5	4	3	2	1
Byte 1	Kennzeichen des Grundformates				Logische Kanalgruppennummer			
2	Logische Kanalnummer							
3	Kennzeichen für den Pakettyp							
	0	0	1	0	0	0	1	1
4	Benutzerangaben zur Unterbrechung							

Abb. 4.10: Format für Pakete 'DÜE-Unterbrechung' und 'DEE-Unterbrechung'

Der Empfang einer Unterbrechung wird mit den Paketen 'DEE-Unterbrechungsbestätigung' und 'DÜE-Unterbrechungsbestätigung' quittiert. Die Unterbrechungsbestätigung ist mit X'27' codiert.

Bit	8	7	6	5	4	3	2	1
Byte 1	Kennzeichen des Grundformates				Logische Kanalgruppennummer			
2	Logische Kanalnummer							
3	Kennzeichen für den Pakettyp							
	0	0	1	0	0	1	1	1

Abb. 4.11: Format für Pakete 'DÜE-Unterbrechungsbestätigung' und
'DEE-Unterbrechungsbestätigung

Eine DEE sollte eine neue Unterbrechung erst aussenden, wenn die alte bestätigt ist.

4.2.5 Flußregelung und Rücksetzen

Die Pakete zur Flußregelung und zum Rücksetzen haben für jeden
logischen Kanal die gleiche Wirkung wie die entsprechenden Blocktypen
für eine HDLC-Verbindung. Empfangsbereitschaft wird mit den Paketen
'DÜE-empfangsbereit' (RR) bzw. 'DEE-empfangsbereit' (RR) signalisiert.
Der Pakettyp ist mit X'x1' verschlüsselt.

Bits	8	7	6	5	4	3	2	1
1	Kennzeichen des Grundformates				Logische Kanal-gruppennummer			
2	Logische Kanalnummer							
3	P(R)				Kennzeichen für den Pakettyp			
					0	0	0	0	1

Abb. 4.12: Format für Pakete 'DÜE-empfangsbereit'
und 'DEE-empfangsbereit'

P(R) zeigt die Paketnummer an, die als nächstes erwartet wird.
Gleichzeitig werden damit für diesen Kanal Pakete bis zur Nummer
P(R)-1 bestätigt.

Wenn eine Station vorübergehend nicht empfangsbereit ist, zeigt sie
das mit dem Paket 'DÜE-nicht-empfangsbereit' (RNR) bzw. 'DEE-nicht-
empfangsbereit' (RNR) an. Codiert sind diese Pakete mit X'x5'.

Bit Byte	8	7	6	5	4	3	2	1
1	Kennzeichen des Grundformates				Logische Kanal-gruppennummer			
2	Logische Kanalnummer							
3	P(R)				Kennzeichen für den Pakettyp			
					0	0	1	0	1

Abb. 4.13: Format für Pakete 'DÜE-nicht-empfangsbereit' und
'DEE-nicht-empfangsbereit'

Eine Station, die durch Aussenden eines Paketes RNR angezeigt hat, daß sie nicht empfangsbereit ist, muß diesen Zustand explizit durch Absetzen eines Paketes RR wieder aufheben.

Durch Rücksetzen können feste und gewählte virtuelle Verbindungen in eine definierte Ausgangssituation versetzt werden (alle Laufnummern und internen Zähler werden auf Null gesetzt). Durch die Übertragung eines Rücksetzpaketes werden alle Pakete, die sich für diese virtuelle Verbindung noch im Netz befinden, vernichtet. Nach einem Reset ist also nicht klar, welche vorher abgesetzten Pakete den Empfänger noch erreicht haben und welche nicht mehr.

Das Rücksetzen kann durch die DÜE oder durch eine DEE eingeleitet werden. Die DÜE überträgt das Paket 'Rücksetzanzeige', die DEE setzt eine 'Rücksetzanforderung' ab. Die Codierung für den Pakettyp ist X'1B'.

Bit	8	7	6	5	4	3	2	1
Byte 1	Kennzeichen des Grundformates				Logische Kanal-gruppennummer			
2	Logische Kanalnummer							
3	Kennzeichen für den Pakettyp							
	0	0	0	1	1	0	1	1
4	Grund für das Rücksetzen							
5	Diagnoseangaben *							

* Dieses Feld ist in Rücksetzanforderungs-Paketen nicht zwingend vorgeschrieben.

Abb. 4.14: Format für Pakete 'Rücksetz-Anforderung' und 'Rücksetz-Anzeige'

Für das vierte Byte ist die Angabe folgender Gründe für das Rücksetzen
vorgegeben:

	Bits	8	7	6	5	4	3	2	1
Rücksetzung durch die DEE **		0	0	0	0	0	0	0	0
Gegenstelle gestört		0	0	0	0	0	0	0	1
Ablauffehler der Gegenstelle **		0	0	0	0	0	0	1	1
Örtlicher Ablauffehler		0	0	0	0	0	1	0	1
Netz überlastet		0	0	0	0	0	1	1	1
Ferne DEE betriebsfähig *		0	0	0	0	1	0	0	1
Netz betriebsfähig ***		0	0	0	0	1	1	1	1
unverträgliches Ziel **		0	0	0	1	0	0	0	1

```
  *   Nur für virtuelle Verbindungen anwendbar
 **   Nur für feste und gewählte virtuelle Verbindungen anwendbar
***   Nur für feste virtuelle Verbindungen
```

Abb. 4.15: Codierung des Feldes zur Angabe des Grundes für das
Rücksetzen in einem Paket 'Rücksetzanzeige'

Das Rücksetzen wird durch die Pakete 'DÜE-Rücksetzbestätigung' bzw.
'DEE-Rücksetzbestätigung' (X'1F) beendet.

Bits	8	7	6	5	4	3	2	1
1	Kennzeichen des Grundformates				Logische Kanal-gruppennummer			
2	Logische Kanalnummer							
3	Kennzeichen für den Pakettyp							
	0	0	0	1	1	1	1	1

Abb. 4.16: Format für Pakete 'DÜE-Rücksetz-Bestätigung' und
'DEE-Rücksetz-Bestätigung'

4.3 Ablauf des Vermittlungsprotokolls

Der Protokollablauf soll im folgenden hauptsächlich für Konflikt-
situationen betrachtet werden, da sich der ungestörte Ablauf i.a. aus
der Beschreibung der Protokollelemente ableiten läßt.

4.3.1   Verbindungsherstellung und -auslösung

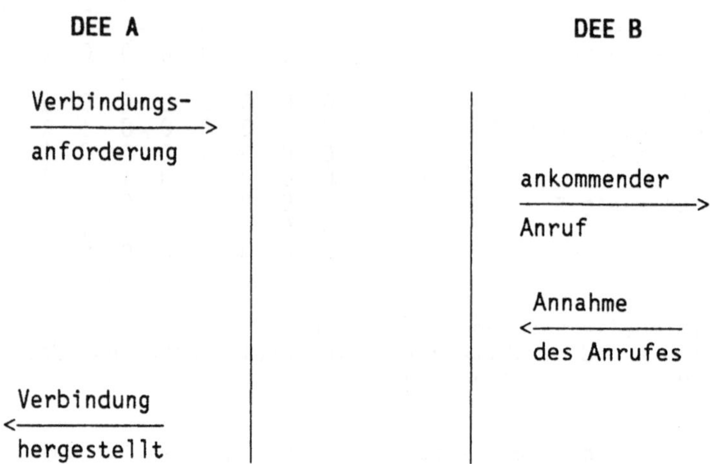

Abb. 4.17:   Ungestörter Verbindungsaufbau

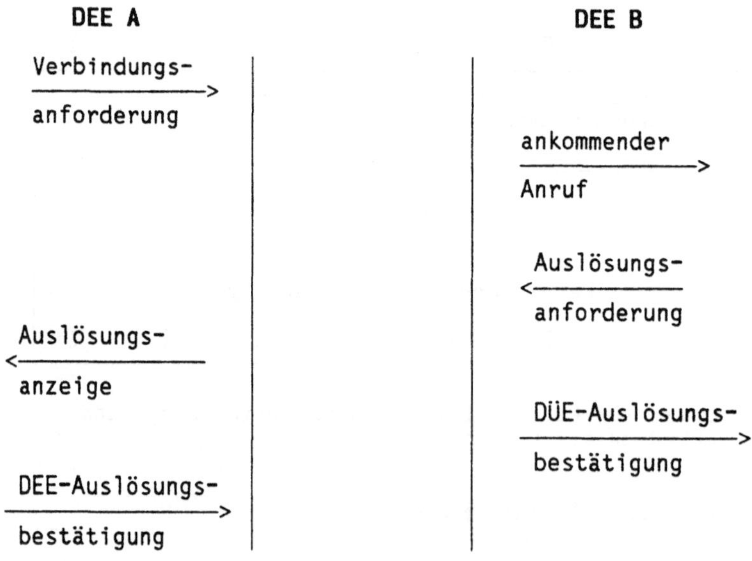

Abb. 4.18:   Gestörter Verbindungsaufbau (Ablehnung durch
Gegenstelle)

Ein möglicher Konfliktfall ist die Kollision von zwei Aufbauwünschen dann, wenn DEE und DÜE beide gleichzeitig auf den letzten logischen Kanal zugreifen.

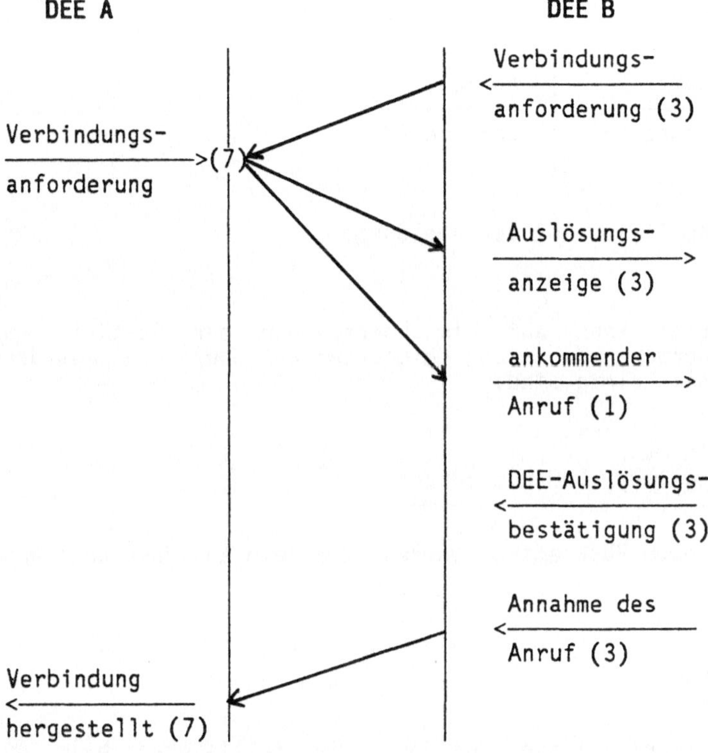

Abb. 4.19: Kollision bei der Verbindungsherstellung

Die DÜE verwirft also den ankommenden Anruf der DEE B und leitet die Verbindungsanforderung der 'eigenen' DEE weiter. Um solche Kollisionen zu vermeiden, wählt die DEE beim Verbindungsaufbau den freien logischen Kanal mit der höchsten Nummer, während die DÜE den mit der niedrigsten Nummer belegt.

Die Abbildung 4.19 zeigt auch, daß der logische Kanal 7 bei der DEE A auf den logischen Kanal 1 bei der DEE B abgebildet wird, daß also virtuelle Verbindungen aus unterschiedlichen logischen Kanälen zusammengesetzt werden.

Ein Konflikt bei der Auslösung entsteht ebenfalls dann, wenn DÜE und DEE gleichzeitig für denselben logischen Kanal die Auslösung anstoßen.

DEE A

$$\underrightarrow{\text{Auslösungs-}}_{\text{anforderung (3)}} \quad \Big| \quad \underleftarrow{\text{Auslösungs-}}_{\text{anzeige (3)}}$$

Abb. 4.20: Kollision bei der Auslösung

In diesem Fall kann auf die Übertragung der Bestätigungspakete verzichtet werden, da sich beide Seiten über die Auslösung des logischen Kanals einig sind.

4.3.2 Flußregelung und Rücksetzen

Kollisionen beim Rücksetzen werden wie beim Auslösen nach Abb. 4.19 behandelt.

4.3.3 Restart

Auch Restart-Kollisionen werden wie Kollisionen beim Auslösen behandelt.

4.4 Ablaufbeispiel

Im folgenden Ablaufbeispiel sind einige Standardsituationen bei der Abwicklung des X.25-Schicht-3-Protokolls dargestellt. Für die Paket-bezeichnungen wurden hier die englischen Namen gewählt. Datenpakete sind in der Form data (Kanal-Nr., P(R), P(S)), RR-Pakete in der Form RR (Kanal-Nr., P(R)) notiert, bei call, clear und reset ist die Kanal-nummer angegeben.

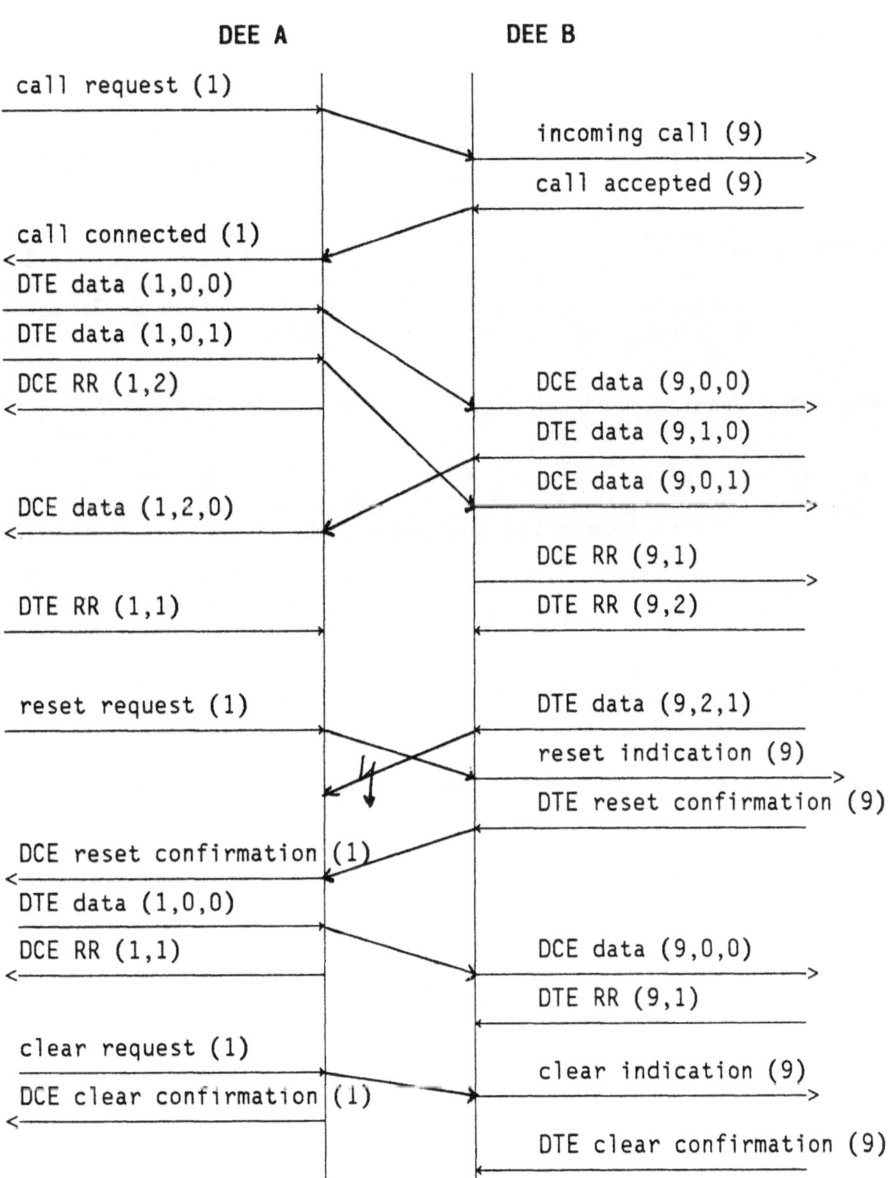

Abb. 4.21: Ablaufbeispiel

Zum Abschluß des Kapitels muß noch einmal darauf hingewiesen werden,
daß nur die wesentlichen Elemente der Empfehlung X.25 beschrieben
wurden. Darüberhinaus wurde die Darstellung an einigen Stellen bewußt
vereinfacht. Nähere Details oder gar Implementierungshinweise sind
/CCITT 80/ und /CCITT 81/ zu entnehmen.

4.5 Literatur

/CCITT 80/ Data Communication Networks, Service and Facilities, Terminal Equipment and Interfaces Recommendations X.1 - X.29, Yellow Book, Vol VIII, Facicle VIII. 2; CCITT, VIIth Plenary Assembly, Geneva 1980

/CCITT 81/ CCITT-Empfehlungen der V-Serie und der X-Serie, Band 1, Datenpaketvermittlung - Internationale Standards, 4. erweiterte Auflage, übersetzt und bearbeitet von W. Tietz und M. Gießler, Heidelberg: R. v. Decker's Verlag, G. Schenck, 1981

/FTZ 80/   Benutzerhandbuch DATEX-P, Darmstadt: Fernmeldetechnisches Zentralamt 1980

/Gör 84/   Görgen,K., Koch,H., Schulze,G., Struif,B., Truöl,K. : Grundlagen der Kommunikationstechnologie - ISO-Architektur offener Kommunikationssysteme, Heidelberg: Springer 1984

5 Die interaktive Geräteschnittstelle X.3, X.28, X.29

5.1 Einführung

Mit der Einführung des Paketvermittlungsdienstes, des DATEX-P-
Dienstes, bietet die Post neben einer Reihe bereits existierender
Dienste eine weitere attraktive Alternative für die Datenübertragung.

Aufgrund der Gebührenstruktur wird hierdurch besonders für Dialog-
anwendungen - typischerweise mit relativ großen Verbindungszeiten,
dafür aber geringem Datenvolumen - ein preisgünstiger Datentransport-
dienst zur Verfügung gestellt.

Der DATEX-P-Dienst besteht nun aus einer Reihe von Unterdiensten, die
es dem Benutzer ermöglichen, je nach anwendungsorientierter Konfiguration an dem DATEX-P-Dienst teilzunehmen.

Der DATEX-P-Basisdienst, der sogenannte DATEX-P10-Dienst, stellt dem
Benutzer den eigentlichen Datenpaketvermittlungsdienst zur Verfügung.
Dieser verlangt aber, daß die angeschlossenen Datenendeinrichtungen
(Terminals, Datenverarbeitungsanlagen) die CCITT-Schnittstelle X.25
beinhalten, über die die Vermittlungsdienste in Anspruch genommen
werden müssen. Solche Datenendeinrichtungen werden auch Paket-DEEs
(engl.: packet mode DTEs) genannt.

Teilnehmer, die bisher mittels fernschreibähnlicher Terminals z. B.
Timesharing-Dienste von Dienstleistungsrechenzentren über das Fernsprechnetz in Anspruch genommen haben, können nicht ohne weiteres den
DATEX-P-Dienst nutzen, obwohl er für ihr Anwendungsprofil geradezu die
preiswertere Alternative darstellt. Denn für die bereits benutzten
Geräte ist der X.25-Anschluß (noch) nicht verfügbar oder sogar
überhaupt nicht möglich. Für einen solchen Teilnehmerkreis werden
dafür als Übergangslösungen eine Reihe von zusätzlichen Anpassungs-
diensten angeboten. Hierzu gehört, neben weiteren, der Dienst
DATEX-P20 zum Anschluß von START/STOP-Geräten.

Der Dienst DATEX-P20 beinhaltet den Basisdienst DATEX-P10 und einen
zusätzlichen sogenannten PAD-Dienst (Packet Assembly / Disassembly
Facility). Ein solcher →PAD steuert auf der einen Seite die Benutzung
eines START/STOP-Gerätes, sammelt zeichenweise die Daten auf und
erzeugt daraus Datenpakete entsprechend X.25-Konventionen bzw. zerlegt
empfangene X.25-Datenpakete in einzelne Zeichenketten, überträgt sie
in Richtung START/STOP-Gerät und übernimmt weitere X.25-Steuer-
funktionen.

Die für den Betrieb des PAD erforderlichen Schnittstellen sind in den
CCITT-Empfehlungen **X.3, X.28 und X.29** zusammengefaßt. Die Empfehlung
X.3 beschreibt die Funktionen des PAD einschließlich der variablen
Parameter mit ihren zugehörigen Wertebereichen. Die Empfehlung X.28
beschreibt die Schnittstelle zwischen PAD und START/STOP-Gerät in
Bezug auf Kommandos und Meldungen zur Steuerung des PAD. Die Empfeh-
lung X.29 beschreibt dagegen die Schnittstelle zwischen PAD und
Paket-DEE. Die X.29-Konventionen liegen oberhalb der X.25-Schnitt-
stelle. Sie legen fest, wie in diesem Fall die X.25-Schnittstelle zu

benutzen ist, d.h. die Abbildung der Meldungen und Kommandos auf X.25-
Pakete. Im allgemeinen kann sich hinter einer Paket-DEE, technisch gesehen, wieder ein PAD mit angeschlossenem START/STOP-Gerät verbergen.

Eine graphische Darstellung der DATEX-P10- und -P20-Dienste, die Lage
der zugehörigen Schnittstellen und die Beziehungen zwischen ihnen ist
in Abb. 5.1 wiedergegeben.

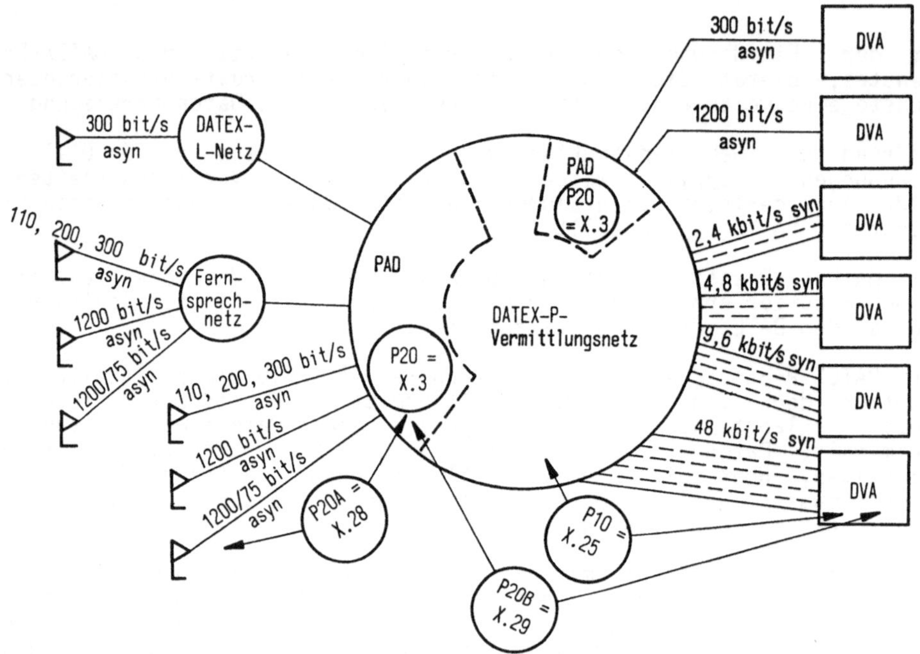

Abb. 5.1: Konfiguration DATEX-P20   /Hill 81/

Der Vollständigkeit halber sind hier noch die weiteren, zur Zeit
geplanten Anpassungsdienste angeführt, für die es (noch) keine CCITT-
Empfehlungen gibt und die daher hier auch nicht näher betrachtet
werden. Das ist einerseits der Dienst DATEX-P32, über den IBM 3270
kompatible Datenstationen und DVAs angeschlossen werden können. In
Analogie dazu ist der Dienst DATEX-P33 für Siemens-8160 kompatible
Datenstationen konzipiert. Für den Anschluß von IBM-2780/3780-
kompatible Datenstationen ist der Anpassungsdienst DATEX-P42 eingeführt worden.

Ferner sei erwähnt, daß die Anpassungsdienste gebührenpflichtig sind.
So wird für den Dienst DATEX-P20 neben den X.25- und den Zugangs-
gebühren (z. B. DATEX-L-, Fernsprech-) eine Anpassungsgebühr von
6 Pf/Min, aber max. 180,-- DM/Monat bei gewählten Verbindungen bzw.
180,-- DM/Monat bei festgeschalteten Verbindungen (Stand 4/1982) berechnet. Für den Dienst P32 wird ein Zuschlag von 40% zur Volumengebühr und beim Dienst P42 ein Zuschlag von 30% zur Volumengebühr
berechnet.

Die vollständigen Versionen der Empfehlungen X.3, X.28 und X.29 wurden
1977 und die verbesserten Versionen 1980 in Genf verabschiedet.

5.2   CCITT-Empfehlung X.3

5.2.1 Einführung

Der Orginaltext heißt 'Packet-Assembly/Disassembly Facility (PAD) in a Public Data Network' bzw. die deutsche Version 'Paket-Anordnungs-/ -Auflösungseinrichtung (PAD) in einem öffentlichen Datennetz'.

Die Empfehlung beschreibt eine Anpassungseinrichtung, die →PAD genannt wird und Umsetzfunktionen für den Anschluß von START/STOP-Geräten (START/STOP-DEEs) an ein Datenpaketvermittlungsnetz beinhaltet. Im wesentlichen beinhaltet die Empfehlung eine Spezifikation von Parametern, aufgrund deren Werte die Anpassungsfunktionen entsprechend den individuellen Bedürfnissen definiert werden können. Die Parameter können START/STOP-DEE-seitig entsprechend den Konventionen abgefragt bzw. gesetzt werden. Die Zuordnung des PAD zu beiden Enden ist in Abb. 5.2 grafisch dargestellt.

START/STOP-DEE   Paket DEE

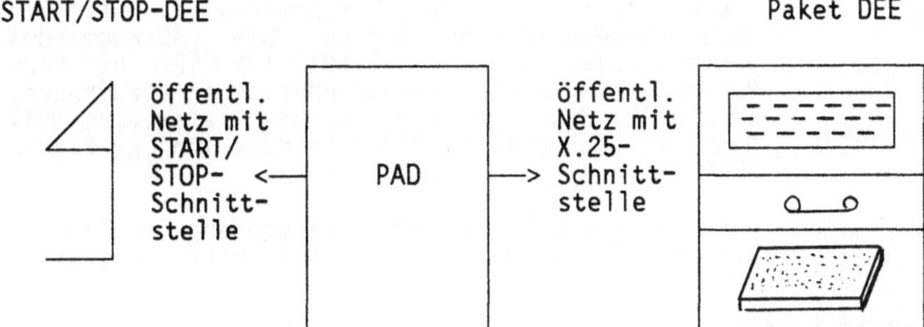

Abb. 5.2 : Schnittstellen des PAD

5.2.2 Grundfunktionen des PAD

Die PAD-Funktionen beinhalten:

- Aufsammeln von Zeichen in Datenpakete (assembly)

- Erzeugen von Zeichen aus Datenpaketen (disassembly)

- Bedienung eines virtuellen Verbindungsauf- und -abbaus und einer Rücksetz- oder Unterbrechungsprozedur

- Erzeugen von Dienstsignalen

- einen Mechanismus, Datenpakete abzuschicken, wenn bestimmte Bedingungen eingetreten sind, wie z.B. Timer-Ablauf, Datenpaket ist gefüllt

- einen Mechanismus zum Übertragen von Zeichen einschließlich erforderlicher Start-, Stop- und Parity-Elemente in Richtung START/STOP-DEE

- einen Mechanismus zur Bedienung des BREAK-Signals von der START/STOP-DEE

5.2.3   PAD-Parameter

Der Betrieb des PAD hängt von den möglichen Werten interner Variablen ab, genannt →PAD-Parameter. Im folgenden wird eine Beschreibung aller in X.3 spezifizierten Parameter gegeben. Die genauen Werte sind der Empfehlung X.3 zu entnehmen.

Internationale PAD-Parameter

1 RECALL: Der Wert dieses Parameters spezifiziert das Fluchtsymbol, mit dem PAD-Kommandos von Nutzdaten unterschieden werden können. Die PAD-Kommandos dienen dazu, von der START/STOP-DEE aus PAD-Parameter zu setzen, zu verändern oder abzufragen. Im Falle, daß der Wert dieses Parameters Null beträgt, können keine PAD-Kommandos von der START/STOP-DEE aus gegeben werden.

2 ECHO: Der PAD spiegelt entweder die empfangenen Zeichen zurück (Wert = 1) oder führt kein Echo aus (Wert = 0).

3 FORWARDING SIGNAL:
Der hierin enthaltene Wert spezifiziert das Zeichen, das das Ende einer X.25-Paketsequenz kennzeichnen soll (das X.25 M-Bit wird zurückgesetzt). Es wird benutzt, um dem PAD z.B. mitzuteilen, daß eine Dialogabfrage vollständig eingegeben ist und die inzwischen aufgesammelten Zeichen als X.25-Paketsequenz abgeschickt werden können.
Der Wert 0 bedeutet, daß kein Endezeichen spezifiziert ist.

4 IDLE TIMER DELAY:
Der Wert dieses Parameters spezifiziert eine Zeit. Wenn innerhalb dieser Zeit kein Zeichen empfangen wurde, werden die bis dahin empfangenen Zeichen in Form einer X.25-Paketsequenz abgeschickt.

5 ANCILLARY DEVICE CONTROL:
Der Wert spezifiziert, ob das Steuerzeichen X-ON bzw. X-OFF zur Flußregelung von Daten aus Richtung START/STOP-DEE entweder benutzt (1) oder nicht benutzt werden kann (0). Mit X-OFF kann der PAD ggf. der START/STOP-DEE signalisieren, daß sie vorübergehend aufhören möge, Zeichen zu senden und

zwar solange bis der PAD X-ON sendet.

6   CONTROL OF PAD SERVICE SIGNALS:
                    Der PAD kann entweder Dienstsignale (z. B. Quit-
                    tungen, Zustandsanzeigen) zur START/STOP-DEE
                    senden oder er soll sie unterdrücken.

7   OPERATION OF PAD ON RECEIPT OF BREAK SIGNAL:
                    Der Empfang eines BREAK-Signals von der START/
                    STOP-DEE bewirkt entweder
                    - nichts
                    - Einleitung einer X.25-Unterbrechungsprozedur
                       (interrupt) in Richtung Paket-DEE,
                    - Einleitung einer X.25 Rücksetzprozedur (reset)
                       in Richtung Paket-DEE,
                    - Verlassen der Netzdatenphase und Eintreten in
                       die PAD-Kontrollphase (anstelle von speziellen
                       Fluchtsymbolen lt. Parameter 1) oder
                    - Unterdrückung der Ausgabe und Einleitung einer
                       X.25-Unterbrechungsprozedur

8   DISCARD OUTPUT: Normale Zeichenausgabe an die START/STOP-DEE oder
                    Unterdrückung der Zeichenausgabe

9   PADDING AFTER CARRIAGE RETURN (CR):
                    Anzahl der Füllzeichen hinter dem Steuerzeichen
                    'Wagenrücklauf'

10 LINE FOLDING: Entweder automatischer Zeilenabschluß oder kein
                    automatischer Zeilenabschluß. Im Falle des auto-
                    matischen Zeilenabschlusses enthält der Parameter
                    die Anzahl der Zeichen pro Zeile und der PAD
                    erzeugt dann automatisch nach Erreichen des
                    Zeilenendes einen Zeilenvorschub z.B. durch das
                    Einfügen des Steuerzeichens 'NL'.

11 BINARY SPEED OF START STOP DTE:
                    Der Wert des Parameters enthält die Datenüber-
                    tragungsgeschwindigkeit der START/STOP-DEE in
                    bit/sec.

12 FLOW CONTROL OF THE PAD:
                    Der Wert des Parameters spezifiziert, ob das
                    Steuerzeichen X-ON bzw. X-OFF zur Flußregelung
                    von Daten in Richtung START/STOP-DEE benutzt
                    werden kann oder nicht. Analog zu Parameter 5, nur
                    bezogen auf die Gegenrichtung des Datenstromes

Nationale PAD-Parameter

118, 119, 120 CHARACTER DELETE, LINE DELETE, LINE DISPLAY:
           Diese Parameter spezifizieren für die jeweilige
           Funktion das Steuerzeichen, das benutzt werden
           soll, um die entsprechende Funktion anzusprechen.

121/122 ADDITIONAL DATA FORWARDING SIGNALS:
           Zusätzlich zu dem Parameter 3 können bis zu 2
           weitere Vorwärtskennzeichen definiert werden.

123 PARITY CHECK: Ermöglicht die Wahl einer Paritäts-Prüfung in der
           PAD-Einrichtung

125 OUTPUT PENDING TIMER:
           Dieser Parameter erlaubt die Wahl einer Zeitstufe,
           in der eine anstehende Ausgabe in der PAD-
           Einrichtung zurückgehalten wird, sofern sie mit
           einer laufenden Eingabe zeitlich zusammentrifft.

126 LINEFEED INSERTION AFTER CARRIAGE RETURN:
           Entweder Einfügen des Steuerzeichens 'Zeilen-
           vorschub' (LF) nach Auftreten des Steuerzeichens
           'Wagenrücklauf' (CR) oder kein automatisches Ein-
           fügen. Beim automatischen Einfügen wird noch
           zwischen verschiedenen weiteren Möglichkeiten
           unterschieden

Die Empfehlung läßt ausdrücklich geringfügige Einschränkungen oder
sogar Abweichungen bzw. Ergänzungen von obiger Parameterliste zu.
Diese ist im Prinzip als sogenannte 'shopping list' anzusehen, d.h.
als max. möglicher Funktionsvorrat, aus dem, je nach nationalen
Belangen, eine Auswahl getroffen werden kann.

5.2.4 PAD als Zustandsmaschine

Der PAD läßt sich grob als eine Zustandsmaschine, wie in Abb. 5.3 dargestellt, beschreiben. Er kennt die beiden Zustände 'data transfer state' und 'PAD control state'.

In dem Datentransfer-Zustand werden Nutzdaten zwischen Paket-DEE auf der einen Seite und START/STOP-DEE auf der anderen Seite ausgetauscht und dabei die jeweiligen 'assembly'- und 'disassembly'-Funktionen entsprechend den obigen Parametervorgaben durchgeführt. So werden z. B. die Daten aus den Datenfeldern der X.25-Pakete entnommen und einzeln, Zeichen für Zeichen, mit dem START/STOP- und ggf. noch mit dem Paritäts-Bit versehen, u. U. die Steuerzeichen 'CR' bzw. 'NL' und entsprechende Anzahl von Füllzeichen (NIL) eingefügt, in Richtung START/STOP-DEE abgeschickt.

Der Datentransfer-Zustand kann mit einem sogenannten PAD-Kommando verlassen und damit der PAD-Kontrollzustand erreicht werden. Ein PAD-Kommando kann sowohl von der Paket-DEE als auch von der START/STOP-DEE kommen. Die Empfehlung X.28 spezifiziert u. a. die PAD-Kommandos, die von der START/STOP-DEE möglich sind, während X.29 u. a. die möglichen PAD-Kommandos von der Paket-DEE beschreibt.

Im PAD-Kontrollzustand werden die PAD-Kommandos ausgeführt. Im allgemeinen bezieht sich die Ausführung auf Kontrollfunktionen der X.25-Verbindung (Auf- und Abbau, Reset, Interrupt) und die Veränderung bzw. Abfrage von internen PAD-Parameterwerten. Das Ende der Ausführung einer Anforderung aufgrund des PAD-Kommandos wird der jeweiligen Seite mit einem entsprechenden PAD-Signal angezeigt. Das PAD-Signal bestätigt entweder die Durchführung, enthält einen Fehlerschlüssel, wenn die Anforderung nicht durchgeführt werden konnte (z. B. 'Teilnehmer belegt'), oder beinhaltet die verlangten Parameterwerte. Die möglichen Signale sind wiederum in den Empfehlungen X.28 bzw. X.29 genau spezifiziert.

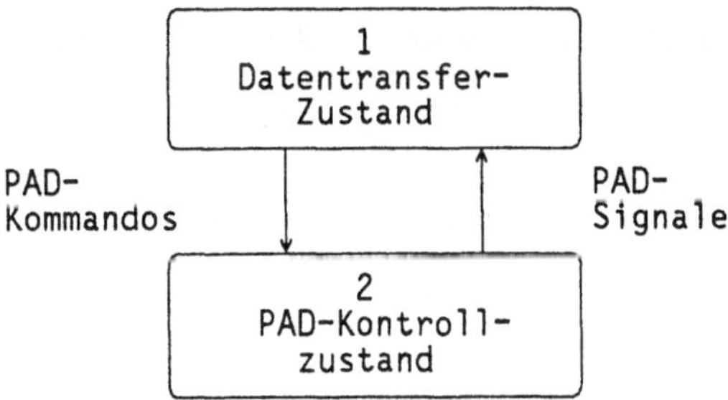

Abb. 5.3: Vereinfachtes Zustandsdiagramm des PAD

(Die einzelnen PAD-Kommandos und Signale sind in Empfehlungen X.28 und X.29 spezifiziert.

5.3   CCITT-Empfehlung X.28

5.3.1 Einführung

Die Empfehlung X.28 hat den englischen Orginaltitel

   'DTE/DCE Interface for a Start-Stop-Mode Data Terminal Equipment
   Accessing the Packet Assembly / Disassembly Facility (PAD) in a
   Public Data Network Situated in the Same Country'

bzw. in deutscher Übersetzung den folgenden

   'Schnittstelle zwischen DEE/DÜE für eine START/STOP-Datenend-
   einrichtung, die den PAD eines öffentlichen Datennetzes im selben
   Land erreicht'.

Wie bereits erwähnt, beschreibt die Empfehlung X.28 die Schnittstelle
zwischen einer START/STOP-DEE und dem PAD. Es werden die sogenannten
PAD-Kommandos und die zugehörigen PAD-Signale spezifiziert sowie die
Anschlußbedingungen unterhalb dieser Ebene, nämlich die Art und Weise,
wie der Zugang zum PAD erfolgt, beschrieben.

5.3.2 Zugang zwischen START/STOP-DEE und PAD

Die →START/STOP-DEE kann entweder stationär oder mobil mit dem PAD
verbunden werden. In der stationären Betriebsart unterscheidet man die
folgenden Anschlußmöglichkeiten:

   - den festgeschalteten Anschluß

   - die gewählte Verbindung entweder über das Fernsprechnetz oder
     ggf. das DATEX-L-Netz in Deutschland bzw. äquivalente Daten-
     netze anderer Postverwaltungen.

In der stationären Betriebsart ist das Terminal mit einem Modem bzw.
Fernschaltgerät ausgerüstet. In der mobilen Betriebsart kann der PAD
von jedem Telefonanschluß bzw. von jeder Fernsprechzelle über das
Fernsprechnetz angewählt werden. In diesem Fall wird das Terminal über
einen Akustik-Koppler mit dem Telefonhörer verbunden. Die verschiedenen Zugangsmöglichkeiten sind in Abb. 5.4 schematisch dargestellt.

Nachdem die Verbindung hergestellt wurde, d.h. im Falle eines stationären Fe-Anschlusses der Datenton empfangen und die Datentaste gedrückt wurde, muß sich das Terminal hinsichtlich seiner physikalischen Eigenschaften noch identifizieren. Hiermit ist insbesondere die Datenübertragungsgeschwindigkeit in dem Bereich < = 300 bit/sec gemeint, da für diesen Geschwindigkeitsbereich die Modems geschwindigkeitstransparent sind und dafür gewöhnlich nur eine (Sammel-) Telefonnummer des PAD zur Verfügung steht. Für andere Geschwindigkeiten stehen gesonderte Telefonnummern zur Verfügung, so daß in diesen Fällen die gewählte Telefonnummer auch die Datentransportgeschwindigkeit bestimmt und dadurch eine automatische Geschwindigkeitserkennung überflüssig macht. Zur Terminalidentifizierung wird die Eingabe eines sogenannten 'hunt characters' erforderlich, der dem PAD ermöglicht, die Geschwindigkeit des Terminals zu ermitteln. Anschließend meldet sich der PAD mit einem eigenen Identifikator in Form eines Klartextes zurück (z.B. 'DATEX-P'). Wenn dieser Text am Terminal den Erwartungen des Benutzers entspricht, kann er davon ausgehen, daß der Zugang zum PAD und die Geschwindigkeitserkennung erfolgreich durchgeführt wurden. Ab jetzt können die eigentlichen PAD Funktionen angesprochen werden.

In der augenblicklichen Fassung von X.28 ist der gewählte Verbindungsaufbau vom PAD in Richtung START/STOP-DEE (noch) nicht vorgesehen.

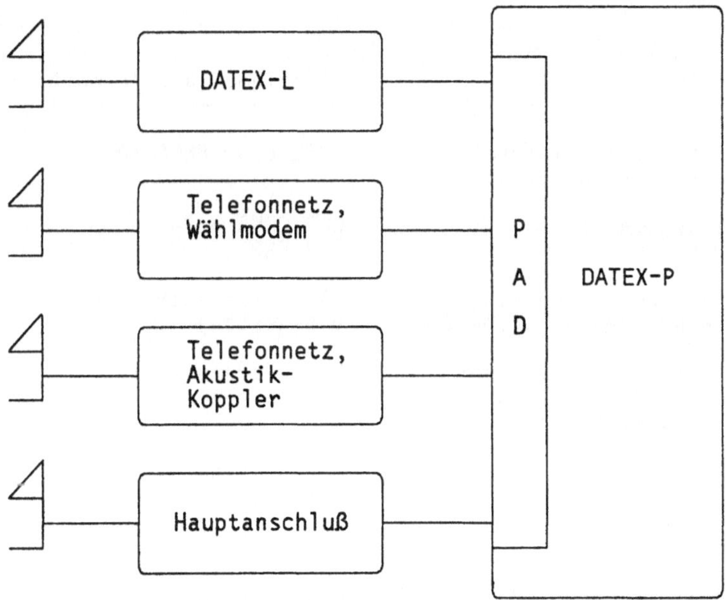

Abb. 5.4: PAD-Zugangsmöglichkeiten

5.3.3 PAD-Kommandos

Die PAD-Kommandos dienen dazu, auf Anforderung der START/STOP-DEE vom PAD die folgenden Funktionen durchführen zu lassen:

- den X.25-Verbindungsauf- und -abbau

- die Auswahl eines sogenannten-Standard Profils, d. h. Auswahl eines bestimmten Satzes von voreingestellten PAD-Parameterwerten

- die Auswahl individueller PAD-Parameterwerte

- die Ausgabe augenblicklicher PAD-Parameterwerte in Richtung START/STOP-DEE

- Absenden einer X.25-Unterbrechung (Interrupt)

- Zustandsausgabe bezogen auf die X.25-Verbindung

- Rücksetzen der X.25-Verbindung (Reset)

Eine Übersicht über die in X.28 definierten PAD-Kommandos gibt die folgende Tabelle:

PAD-Kommando	Funktion	PAD-Signal als Antwort
STAT	Verlangt Statusinformation über eine Verbindung	FREE oder ENGAGED
CLR	Auslösen der X.25-Verbindung	CLR CONF oder CLR ERR
PAR?	Abfrage der aktuellen Werte von angegebenen Parametern	PAR (Parameterliste mit Werten)
SET?	Fordert das Setzen oder Ändern von aktuellen Parameterwerten an	PAR (Parameterliste mit Werten)
PROF(nr)	Auswahl eines Profils	Bestätigung
RESET	Rücksetzen der X.25-Verbindung	Bestätigung
INT	Schickt Interrupt-Paket über die X.25-Verbindung	Bestätigung
SET	Setzt oder ändert aktuelle Parameterwerte	Bestätigung
rufnummer	Aufbau einer X.25-Verbindung	Bestätigung

Tabelle 5.5: PAD-Kommandos

Der PAD wird, wie bereits erwähnt, durch eine Parameterliste gesteuert, die zunächst initialisiert wird und danach verändert werden
kann. Dies geschieht durch die folgenden PAD-Kommandos vom Terminal:

- Auswahl des Standard-Profils

- Auswahl einzelner Parameterwerte

- Anforderung zum Aussenden der aktuellen Parameterwerte

- Anforderung zum Aufbau, bzw. zur Auslösung virtueller Verbindungen.

Mit dem 'PROF'-Kommando kann der Benutzer ein sogenanntes Profil
auswählen. Ein solches Profil beschreibt eine bestimmte Menge vor-
definierter Parameterwerte und eine erfolgreiche Profilauswahl bedeutet, daß diese ab sofort eingestellt sind.

Tabelle 5.6 gibt eine Übersicht über die zur Zeit definierten
vier Profile:

   Profil 1: entspricht dem CCITT-Profil;

   Profil 2: Ausgangsprofil für SL-10 (DATEX-P);

   Profil 3: transparentes Profil: Alle Parameter sind auf 'OFF'
              gesetzt und somit wird vom PAD keine Signalisierung und
              Formatierung durchgeführt. Die Schnittstelle erscheint
              'transparent'. Dieses Profil ist nur für Mietleitungen
              zugelassen.

   Profil 4: Netzkopplungs-Profil: Es entspricht dem Profil 2 mit der
              Ausnahme, daß die nationalen Parameter auf 'OFF' stehen.

Mit Hilfe des 'SET'-Kommandos kann eine bestimmte Menge von Parametern
auf bestimmte Werte gesetzt werden. Dieses Kommando dient dazu,
individuell von den Profilen abweichende Anpassungen vornehmen zu
lassen oder dynamisch während der Verbindung zu ändern. Mit Hilfe des
'PAR?-Kommandos' können derzeit die aktuellen Parameterwerte abgefragt
werden. Die 'CLR', 'RESET' und 'INT'-Kommandos werden dazu benötigt,
X.25-Verbindung auszulösen oder zurückzusetzen bzw. über die X.25-
Verbindung ein Interrupt-Paket zu schicken.

Parameter	PROFIL 1: INTERNATIONAL	PROFIL 2: EINFACH (BASIC ITI; VOREINGEST.)	PROFIL 3: TRANSPARENT	PROFIL 4: NETZKOPP-LUNG
P1 = Escape to Command Mode	1 = possible	1= possible	0 = not pos	1=possible
P2 = Echo	0 = no echo	0 = no echo	0 = no echo	0= no echo
P3 = Data Forwarding Signal	126 = all ctl. chars. and DEL	2 = CR	0 = none	2 = CR
P4 = Idle	0 = off	0 = off	20=one second	0 = off
P5 = Aux.	1 = on	0 = off	0 = off	0 = off
P6 = Suppress messages	1 = send messages	1 = send messages	0 = suppress message	1 = send messages
P7 = BREAK Procedures	2 = reset	21 = INT + BR indication + discard output	2 = reset	21 = INT + BR indication + discard output
P8 = Discard Output	0 = normal delivery	0 = normal delivery	0 = normal delivery	0 = normal delivery
P9 = Padding After CR	0 = none	2	0 = one	2
P10 = Line Folding	0 = off	0 = off	0 = off	0 = off
P11 = Transmission Speed	Terminal Speed	Terminal Speed	Terminal Speed	Terminal Speed
P12 = Flow Control	1 = on (use X-ON/OFF)	0 = off	0 = off	0 = off
P121/122= Additional Data Forwarding Signals	0 = none	0 = none	0 = none	0 = none
P123 = Parity Treatment	0 = not detected	1 = detected and checked	0 = not detected	0 = not detected
P125 = Output Pending Timer	0 = no delay	0 = no delay	0 = no delay	0 = no delay
P126 = LF Insertion	0 = no LF	4 = insert LF after CR from terminal or from host	0 = no LF	0 = no LF

Tabelle 5.6: Terminal-Profile

5.3.4 PAD-Signale

Mit Hilfe der PAD-Signale übermittelt der PAD seine Antwort aufgrund
von PAD-Kommandos an die START/STOP-DEE. So enthält z. B. ein Signal
aufgrund einer X.25-Verbindungsaufforderung die Informationen, ob eine
Verbindung zustande gekommen ist oder nicht. Im letzteren Fall werden
mit Hilfe des Signals Zusatzinformationen übermittelt, die den Grund
mit angeben.

Die möglichen Signale aufgrund von PAD-Kommandos sind in der rechten
Spalte in Tabelle 5.5 angegeben. In Tabelle 5.7 sind die evtl.
vorhandenen weiteren Informationen, die die Signale enthalten, angegeben. Die Tabelle 5.8 enthält eine Auflistung über die Gründe, die
in dem Signal 'CLR' bei Verbindungsauslösung übergeben werden. Diese
Werte beschreiben, warum ein Verbindungsaufbauwunsch abgelehnt wurde
oder wer die Verbindungsauslösung veranlaßt hat.

Format	Bedeutung
RESET DTE ERR NC	Reset durch die entfernte DEE Reset infolge eines lokalen Prozedurfehlers Reset aufgrund Netzüberlastung
CLR	Anzeige einer Auslösung (s. Tabelle 5.8)
COMM	Verbindungsbestätigung
PAD	netzabhängige PAD-Identifikation
ERROR	fehlerhaftes PAD-Kommando
XXX	Abschluß der Zeilenlöschfunktion
ENGAGED	Antwort auf ein STAT-Kommando, wenn eine Verbindung aufgebaut ist
FREE	Antwort auf ein STAT-Kommando, wenn die Verbindung nicht aufgebaut ist
PAR	Liefert die Parameterwerte nach einem SET-Kommando

Tabelle 5.7: PAD-Signale

Einige weitere PAD-Signale sind zur Zeit noch nicht festgelegt.

CLR PAD-Signal	Mnemonic	Bedeutung
Number busy	OCC	gerufene DEE ist belegt
Network congestion	NC	Überlastung oder Fehler im Netz
Invalid facility request	INV	Ungültige Leistung wurde verlangt
Access barred	NA	rufende DEE nicht berechtigt, Verbindung zur gerufenen DEE aufzunehmen
Local procedure error	ERR	Prozedurfehler durch die DEE vom PAD erkannt
Remote procedure error	RPE	Prozedurfehler durch die DEE von der entfernten DÜE erkannt
Not obtainable	NP	Adresse der gerufenen DEE ungültig
Out of order	DER	Die gerufene Nummer ist ungültig
PAD clearing	PAD	Auslösung durch lokalen PAD auf Wunsch der entfernten DEE
DTE clearing	DTE	Auslösung durch die entfernte DEE

Tabelle 5.8: Angaben bei Verbindungsauslösungs-Anzeige

5.3.5 Auslösen der virtuellen Verbindung

Die Auslösung einer virtuellen Verbindung kann auf zwei verschiedene Arten erfolgen:

- Auslösung X.29seitig durch die Paket-DEE verursacht

- Auslösung X.28seitig durch die START/STOP-DEE verursacht

Im ersten Fall beendet z.B. der Benutzer die Anwendungsphase im Rechner, der daraufhin die Mitteilung 'invitation to clear' an den PAD sendet. Der PAD baut dann die virtuelle Verbindung zum Rechner ab, überträgt die noch anstehenden Daten zum Terminal und beendet die Datenphase durch Senden des Dienstsignals 'NETWORK: call cleared remote request' zum Terminal. Anschließend zeigt der PAD seine weitere Betriebsbereitschaft dem Terminal an. Diese Anzeige erfolgt durch das Dienst-Kennungssignal 'NETWORK: terminal address'.

Im zweiten Fall wird die Auslösung durch das PAD-Kommando 'CLR' eingeleitet. Hierbei können Datenverluste eintreten, weil der PAD die gesamte, zu diesem Zeitpunkt anstehende Ausgabeinformation löscht, die noch für das Terminal bestimmt ist.

5.3.6 Beispiele für eine Terminal-Kommandosprache

In diesem Abschnitt werden einige Beispiele zur Benutzung der SL-10 Terminal-Kommandosprache ITI (interactive terminal interface) gegeben.

Folgende (nicht SL-10 spezifische) Symbole werden zusätzlich zur Erläuterung benutzt:

'...'   bedeutet Eingabe von Zeichen im IA5 Code;

<...>   optionale Eingabe;

(...)   Stellvertreter für Zeichen, die eingegeben werden müssen

(1) Dienst-Anforderungssignal:

Terminal-Befehl: PAD-Antwort:
'.CR'   'NETWORK: (Terminaladresse)'

(2) Verbindungsaufbaubefehl:

allgemein: '<r> <p/n> <cug(nnn)> (Hostadresse) <Benutzerdaten> CR'

Terminal-Befehl: PAD-Antwort:

'.CR'   'NETWORK: 2040 0011'
'r n c(88) 2340 0011,cmsCR'   'NETWORK: call connected'
              ∧
              |
         Zieladresse

(3) Parameterabfrage:

Terminal-Befehl: PAD-Antwort:
'par 2, 3, 64CR'   'PAR 2:1, 3:1, 64:inv'
         ∧   ∧
         | |
    Ende des Befehls   Ungültige Parameterbezugsnummer

(4) Setzen und Abfragen von Parametern:

Terminal-Befehl: PAD-Antwort:
'set 2:0, 3:1, 5:0CR'   'CR LF'

oder

'set? 2:0, 3:1, 5:0CR'   'PAR 2:0, 3:1, 5:0'

(5) Wahl des Profils:

Terminal-Befehl: PAD-Antwort:
'prof 2CR'   'CR LF'

(6) Zustandsinformation abfragen:

```
Terminal-   PAD-
Befehl:     Antwort:
'statCR'    'NETWORK: engaged 2040 0060 n 2040 0011 0010 0006'
```

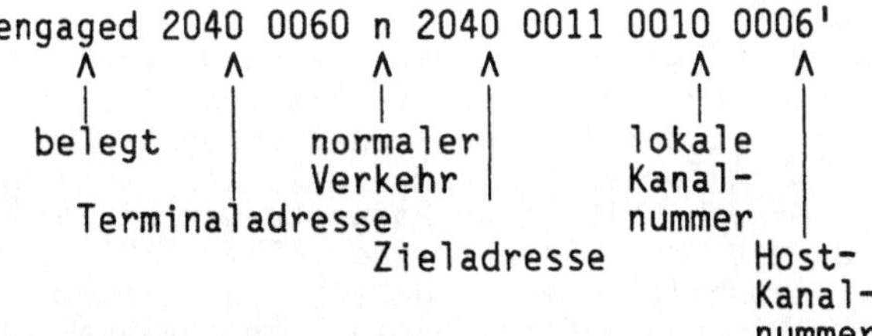


```
            'NETWORK: free 1234 5678 n'
```


(7) Rücksetz-Befehl:

```
Terminal-Befehl:            PAD-Antwort:
'resetCR'                   'NETWORK: reset'
```

(8) Interrupt-Befehl:

```
Terminal-Befehl             PAD-Antwort:
'intCR'                     'CR LF'
ebenso
'intdCR'                    'CR LF'
```

5.3.7 Beispiel einer Anwendung

In dem angegebenen Beispiel ist ein Protokoll wiedergegeben, in dem
der Terminaldialog mit dem PAD und einem Rechner enthalten ist. In den
ersten beiden Zeilen ist die Verbindungsanforderung und die Antwort
vom PAD nach erfolgter X.25-Verbindung wiedergegeben. Danach erfolgt
der Dialog mit dem Rechner in der gewohnten Weise. Anschließend wird
mit der PAD-Anforderung 'PAR?' die Parameterliste abgefragt. Der PAD
antwortet danach mit den Parameterwerten in der angegebenen Weise.
Dann wird mit der Anforderung 'SET 2:0' das Echo vom PAD ausge-
schaltet. Anschließende Eingaben, in diesem Beispiel 'LOGOFF' und
erneute Verbindungsanforderungen, erscheinen deshalb nicht mehr auf
dem Ausdruck.

Nach erneuter Verbindungsherstellung setzt der Rechner, für den
Terminalbenutzer unsichtbar, die Parameterwerte und damit u. a. das
Echo wieder auf ein. Anschließende Eingaben werden nun wieder sichtbar
dargestellt.

Der Text hinter den <===== ist Kommentar; er dient der Erläuterung und
ist damit nicht Bestandteil der Eingabe.

Beispiel:

```
02452241241DA                 <===== KOMMANDOEINGABE FÜR DEN PAD
VERBINDUNG HERGESTELLT        (WAEHLVORGANG)
%GMDI V6.0:TYPE LOGON
%@@@@@@@@@@@@@@@@@@@@@@@@@@@@<===== LOGON


%E223 GMDI V6.0 READY FOR LINE GMDIX25A/PAD  005
               AT 1048 ON 82-03-24 TSN 6788
S
SIGNED.
/VDT OFF                      <===== KOMMANDOEINGABE (BETRIEBSSYSTEM)
/FSTAT                        <===== KOMMANDOEINGABE (BETRIEBSSYSTEM)
%0000003 E.RD
%0000009 EXE.CONS
%0000027 L.RD
%0000009 L.TSN
%0000003 P.RD
%0000003 P.RDDA
%TOTAL PUBLIC PAGES ALLOCATED = 00000054
/EXEC EDT                     <===== KOMMANDOEINGABE (BETRIEBSSYSTEM)
```

```
%  P500 LOADING
  PROGRAMM EDT/14.2A STARTED
     1.      @REA'P.RDDA        <===== KOMMANDOEINGABE (PROGRAMM)
     7.      @P                 <===== KOMMANDOEINGABE PROGRAMM)
     1.0000 /PROC N
     2.0000 /SYSFILE SYSDATA=(SYSCMD)
     3.0000 /EXEC L.TSN
     4.0000 T@DIALOG GMDDA
     5.0000 X
     6.0000 /ENDP
     7       @H                 <===== KOMMANDOEINGABE (PROGRAMM)
  EDT NORMAL END
  /(CTRL-P)PAR?               <===== KOMMANDOEINGABE AN DEN PAD
                              ****** PARAMETER-LISTE ******
  PAR 1:1,2:1,3:2,4:0,5:1,6:1,7:21,8:0,9:0,10:0,11:3,12:0,13:0,14:0
  (CTRL-P)SET 2:0             <===== KOMMANDOEINGABE AN DEN PAD
                              ****** ECHO AUSGESCHALTET ******
                              <===== LOGOFF
  %  E419 LOGOFF AT 1051 ON 82-03-24, FOR TNS 6768
  %  E421 CPU TIME USED; 000003,4714 SECONDS
  AUSLOESUNG - ANFORDERUNG DURCH GEGENSTELLE
                              <===== KOMMANDO AN DEN PAD
  VERBINDUNG HERGESTELLT         (WAEHLVORGANG)
  %C  E222 PLEASE LOGON.
  %@@@@@@@@@@@@@@@@@@@@@@@@@@@@@<===== LOGON
  %C  E223 LOGON ACCEPTED FROM LINE NKX25
            /XSST0003 AT 1109 on 82-03-24
  TSN 5829 ASSIGNED.
  /FSTAT EXE.                 <===== KOMMANDOEINGABE (BETRIEBSSYSTEM)
  %0000009 EXE.CONS
  %0000003 EXE.PRINT
  %TOTAL PUBLIC PAGES ALLOCATED = 00000012
  /(CTRL-P)PAR?               <===== KOMMANDOEINGABE AN DEN PAD
                              ****** PARAMETER-LISTE ******
  PAR  1:1,2:1,3:2,4:0,5:1,6:1,7:21,8:0,9:0,10:0,11:3,12:0,13:0.14:0
  LOGOFF                      <===== LOGOFF
  %  E419 LOGOFF AT 1111 ON 82-03-24, FOR TSN 5829
  %  E421 CPU TIME USED: 000000.2491 SECONDS
  AUSLOESUNG - ANFORDERUNG DURCH GEGENSTELLE
```

5.4   CCITT-Empfehlung X.29

5.4.1 Einführung

Die Empfehlung X.29 hat den englischen Orginaltitel 'Procedures for the exchange of control information and user data between a packet assembly / disassembly facility (PAD) and a packet mode DTE or another PAD' bzw. in deutscher Übersetzung 'Verfahren für den Austausch von Steuerinformation und von Benutzerdaten zwischen einer Paket-Anordnungs-/-Auflösungs-Einrichtung (PAD) und einer Paket-DEE oder einem PAD'.

Die CCITT-Empfehlung X.29 vervollständigt die Beschreibung des PAD und seiner relevanten Protokolle durch eine detaillierte Definition der Wechselwirkung zwischen dem PAD und einer Paket-DEE.

Eine Verbindung zwischen beiden Komponenten wird durch das öffentliche DATEX-P-Netz hergestellt, so daß die Schnittstelle zwischen den Komponenten gemäß X.25 abzuwickeln ist.

X.29 definiert, wie X.25 zu benutzen ist, um einen Dialog zwischen dem PAD und einer Paket-DEE abzuwickeln.

X.29 beschreibt

- das Verfahren zum Austausch von PAD-Steuerfunktionen und Benutzerdaten,

- die Abwicklung der Datentransferphase,

- das Verfahren für die Behandlung von PAD-Mitteilungen

- die X.25-Datenformate

5.4.2 Austausch von PAD-Steuerinformationen
während des Verbindungsaufbaus

Die Benutzerdaten im Datenfeld des X.25-Verbindungsaufbau-Pakets sind entsprechend der Darstellung in Abb. 5.9 strukturiert.

Die ersten 4 Oktaden sind zur Identifikation des oberhalb X.25 liegenden Protokolls reserviert. Davon ist der Wert '00' für Bit 8 und 7 der ersten Oktade für die CCITT-Benutzung vorgesehen und der Wert '000001' für die Bits 6 bis 1 ist für die Kennzeichnung von X.29 festgelegt. Die Oktaden 2 bis 4 sind zunächst mit Nullen aufgefüllt, sie sind für zukünftige Mechanismen reserviert, um dem PAD zusätzliche Informationen zu übermitteln. Die restlichen Oktaden stehen dem Benutzer zur freien Verfügung.

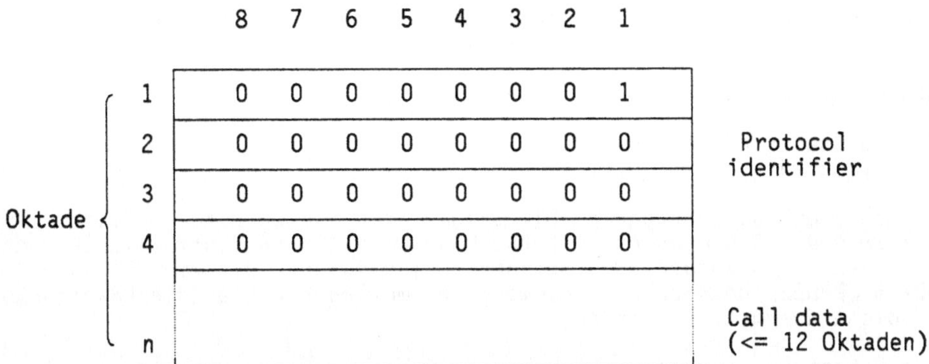

Abb. 5.9: Format des 'call user data field'

Im allgemeinen definieren die Bit 8 und 7 der ersten Oktade folgende vier Benutzerklassen:

Bitnummer 8 7	Benutzerklasse
0 0	CCITT-Gebrauch
0 1	nat. Gebrauch
1 0	internat. Benutzer-organisation
1 1	DEE-DEE-Gebrauch

Abb. 5.10 Benutzerklassen

5.4.3 Austausch von PAD-Steuerinformationen während der Datenphase

Während der Datenphase muß zwischen

  - PAD-Steuerinformationen und
  - Nutzdaten

unterschieden werden können. Die Steuerdaten dienen dazu, ähnlich wie
in X.28 die PAD-Kommandos, die PAD-Umsetzfunktionen kontrollieren und
beeinflussen zu können. Die Nutzdaten sind solche, die vom PAD an die
START/STOP-DEE übergeben bzw. von ihr empfangen und an die Paket-DEE
als solche übermittelt werden.

Beide Datentypen werden in Form von X.25-Datenpaketen übermittelt. Zur
Unterscheidung dieser beiden Typen wird das X.25-Q-bit benutzt, indem
Nutzdaten mit Q=0 und Steuerdaten mit Q=1 dargestellt werden.

Der allgemeine Aufbau des X.25-Datenfeldes ist für Steuerdaten in Abb.
5.11 angegeben. Mit den unteren 4 Bits der ersten Oktade, dem
sogenannten Mitteilungscode wird zwischen den Steuerdatentypen

```
- Parameter setzen              (SET)                     (0010)
- Parameter abfragen            (READ)                    (0100)
- Parameter setzen und abfragen (SET and READ)            (0110)
- Parameteranzeige              (PARAMETER INDICATION)    (0000)
- Aufforderung zum Auslösen     (INVITATION TO CLEAR)     (0001)
- Anhalte-Anzeige               (INDICATION OF BREAK)     (0011)
- Fehlermeldung                 (ERROR)                   (0101)
```

unterschieden.

Der Aufbau der restlichen Oktaden ist abhängig von dem Steuerdatentyp
und in Abb. 5.11 ebenfalls mit dargestellt. Falls empfangene Steuerdaten dieses Format nicht einhalten oder die Felder inkompatible Daten
enthalten, werden entsprechende Fehlercodes erzeugt und in Form von
'ERROR'-Steuerdaten zurückgeschickt.

Die Steuerfunktionen 'SET', 'READ' and 'SET and READ' beziehen sich
auf die Parameter und deren Werte, wie sie in der Empfehlung X.3
definiert sind. Wenn diese Funktionen erfolgreich durchgeführt werden
konnten, wird mit 'PARAMETER INDICATION' geantwortet und, ähnlich wie
bei X.28, die betroffenen Parameterwerte in diesen Steuerdaten übermittelt.

Das Steuerdatum 'INDICATION OF BREAK' wird dazu benutzt, die Tatsache
anzuzeigen, daß am Terminal die BREAK-Taste gedrückt wurde und der
X3-Parameter 7 den Wert 21 hat (=Unterdrückung der Ausgabe und
Einleitung einer X.25-Unterbrechungsprozedur).

Das Steuerdatum 'INVITATION TO CLEAR' fordert den Empfänger auf, nach
Abarbeiten bzw. Absenden des letzten Nutzdatums aus der evtl. vorhandenen Warteschlange die X.25-Verbindung auszulösen.

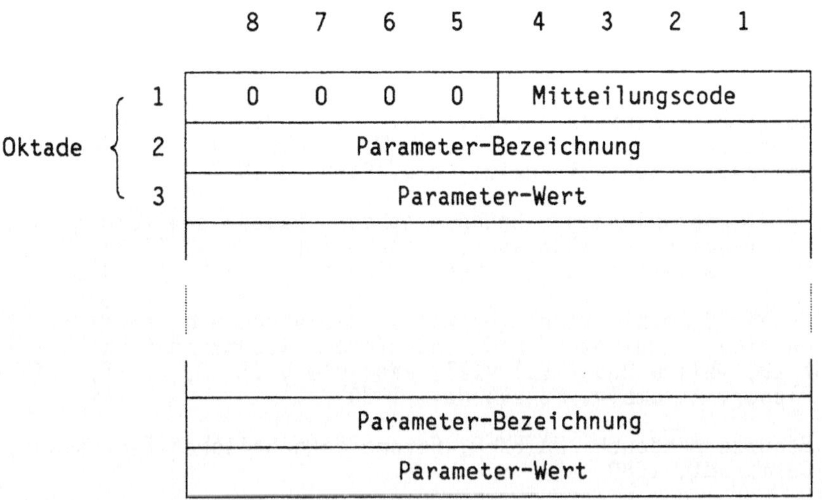

Datenfeld für **set, read, set and read, parameter indication**

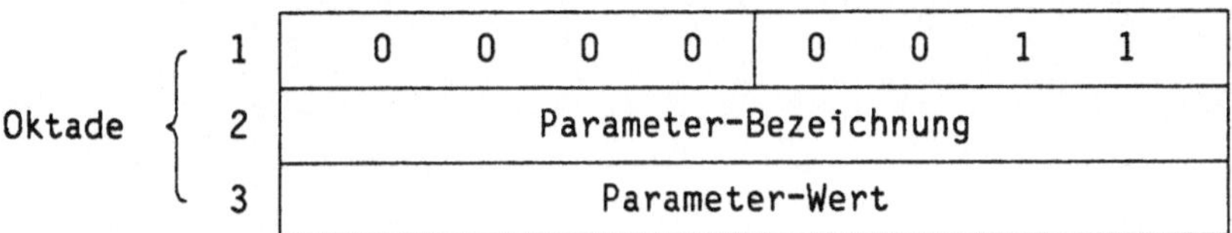

Datenfeld für **indication for break**

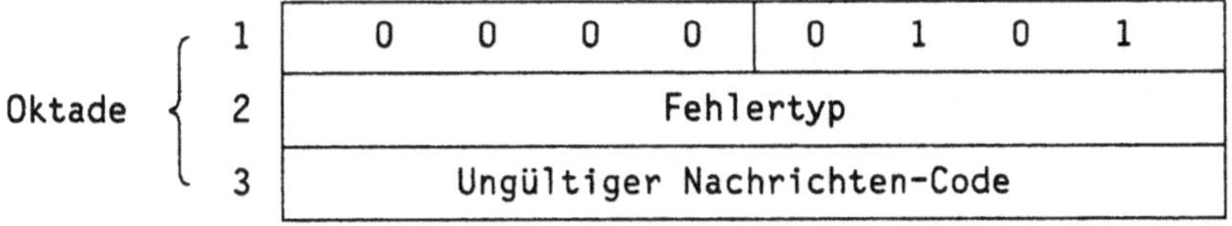

Datenfeld für **error**

Datenfeld für **indication to clear**

Abb. 5.11: Aufbau des X.25-Datenfeldes für PAD-Steuerdaten

5.5 Literatur

/CCITT 77/   CCITT-Empfehlungen der V-Serie und der X-Serie: Daten-übertragung, bearbeitet von W. Tietz, R. v. Decker's Verlag, G. Schenck, Heidelberg, Hamburg 1977

/CCITT 78/   CCITT-Empfehlungen - Ergänzungsband: Daten-Paketvermittlung Internationale Standards, bearbeitet von W. Tietz, R. v. Decker's Verlag, G. Schenck, Heidelberg, Hamburg, 1978

/CCITT 80/   Data Communication Networks, Service and Facilities, Terminal Equipment and Interfaces Recommendations X.1 - X.29; Yellow Book, Vol VIII, Fascicle VIII. 2; CCITT, VIIth Plenary Assembly, Geneva Nov. 1980

/FTZ 80/   Benutzerhandbuch DATEX-P, Fernmeldetechnisches Zentralamt, Darmstadt, 1980

/Hill 81/   Friedhelm Hillebrandt, DATEX Infrastruktur der Daten- und Textkommunikation, R. v. Decker's Verlag, G. Schenck, Heidelberg, Hamburg 1981

6 Dienste und Protokolle der Transportschicht

6.1 Einführung

Die Instanzen der Schicht 4, der →Transportschicht, in der ISO-
Kommunikationsarchitektur haben die allgemeine Aufgabe, Endsystemverbindungen, die von Endsystem zu Endsystem führen, zu →Teilnehmer-
verbindungen zu erweitern. Unter einem →Teilnehmer ist eine Zuordnung
zwischen einer Verarbeitungsinstanz, einer Darstellungsinstanz und
einer Kommunikationssteuerungsinstanz zu verstehen. Dabei soll der
zugrundeliegende Vermittlungsdienst optimal genutzt werden.

Mit der CCITT-Empfehlung T.70 für Teletex ist ein Transportprotokoll
definiert, welches die genannte Aufgabe in einfacher Weise erfüllt (s.
Kapitel 9). Es ist für den speziellen Anwendungsbereich der Dokumen-
tenübermittlung definiert und konnte hierfür sehr einfach gehalten
werden. Für die Erfüllung allgemeiner Kommunikationsfunktionen der
Schicht 4 des ISO-Architekturmodells reicht es nicht aus. Erweiterungen sind notwendig insbesondere zur Verbesserung der Dienstgüte
(Erkennung und Behebung von Fehlern) und zur Optimierung der Nutzung
der Endsystemverbindungen (Multiplexen).

Für die Schicht 4 wurden bei der ISO in Zusammenarbeit mit dem CCITT
und der ECMA Definitionen für Dienste und Spezifikationen für Protokolle erarbeitet, die inzwischen als internationaler Standard verabschiedet, aber noch nicht veröffentlicht wurden /ISO 8072/,
/ISO 8073/. Für die Protokolle werden mit den Klassen 0 bis 4 fünf
verschiedene Klassen vorgeschlagen. Die Klasse 0, die 'Simple Class',
ist identisch mit dem Teletex-Transportprotokoll T.70.

6.2 Übersicht

Die Aufgabe der Transportschicht in der OSI-Architektur ist es, einen
transparenten Datenpfad zwischen Instanzen der Schicht 5, zwischen
Teilnehmern, herzustellen. Die Benutzer des Transportdienstes sollen
unabhängig sein von den speziellen unterlagerten Netzrealisierungen,
frei von Überlegungen zur Wegewahl; die Dienste der unterlagerten
Vermittlungsschicht sollen optimal genutzt werden zur Erfüllung der
gewünschten Qualität der Teilnehmerverbindung. Der Transportdienst
soll zu minimalen Kosten erbracht werden.

Dazu werden den Instanzen der Kommunikationssteuerungsschicht von der
Transportschicht Dienste, die Transportdienste, angeboten, deren Realisierung in der Schicht 4 auf der Grundlage der Vermittlungsdienste
der unterlagerten Vermittlungsschicht erfolgt.

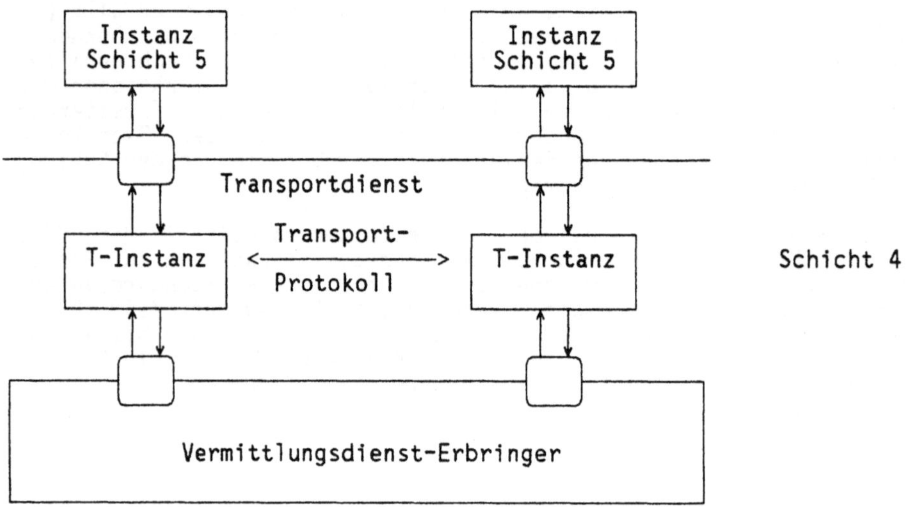

Abb. 6.1: Dienste der Transportschicht

Die Funktionalität der Transportschicht, die sich in den Transportprotokollen niederschlägt, ist gegeben durch die funktionale Differenz
der nach oben zur Verfügung gestellten und der von unten angebotenen
Dienste.

6.3 Dienste der Schicht 4

Dem Benutzer der Transportschicht werden die folgenden Dienstleistungen zur Verfügung gestellt:

- Aufbau einer Teilnehmerverbindung zu einem entfernten Transport-
  dienst-Benutzer
- Aushandeln von gewissen Güteparametern für diese Verbindung
- Transparente Übertragung von Dienst-Dateneinheiten über diese Ver-
  bindung
- Flußregelungsmechanismen für die Datenübertragung
- Vorrang-Datentransport, wenn beide Teilnehmer dies vereinbart haben
- Auslösen einer Teilnehmerverbindung mit möglichem Datenverlust

Für diese Transportdienste gibt es **keine Klasseneinteilung**.

6.3.1   Modell des Transportdienstes

Die Interaktionen zwischen einem Benutzer (Teilnehmer) und dem
Erbringer des Transportdienstes finden an den Dienstzugangspunkten
statt. Dabei treten verschiedene Ereignistypen von Dienstelementen auf
(s. auch Kapitel 1.2).

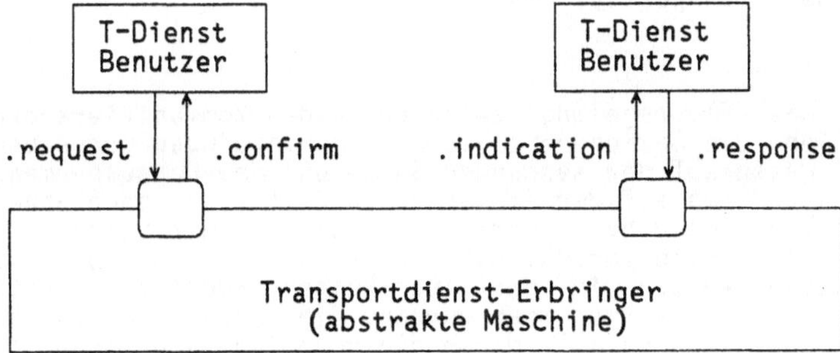

Abb. 6.2: Typen von Dienstelementen

Eine Teilnehmerverbindung wird in diesem abstrakten Modell durch zwei
Warteschlangen dargestellt, welche die beiden Dienstzugangspunkte
verbinden. Jede der Warteschlangen modelliert den Datenfluß in einer
Richtung.

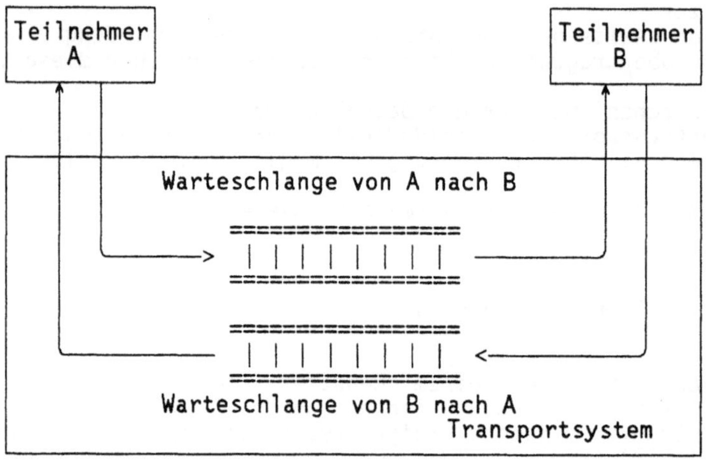

Abb. 6.3: →Modell des Transportsystems

Damit läßt sich die Flußregelung zwischen beiden kommunizierenden
Instanzen darstellen, die Beziehung zwischen dem Hinzufügen von neuen
zu übertragenden Daten auf der sendenden Seite und dem Herausnehmen,
dem Verbrauchen von Daten auf der empfangenden Seite. Warteschlangen
sind vor dem Verbindungsaufbau leer; nach Auslösung der Verbindung
kehren sie in diesen Zustand zurück. Eine Warteschlange hat begrenzte
Kapazität. Die Daten werden in derselben Reihenfolge aus ihr entnommen, wie sie auch in sie aufgenommen wurden. Die Dateneinheiten für
Vorrang-Datenübertragung können allerdings die normalen Dateneinheiten
in der Warteschlange 'überholen'.

Sind Daten an das Transportsystem übergeben, so sind sie der Kontrolle
des Teilnehmers entzogen. Das bedeutet, er hat keinen Einfluß auf die
Abarbeitung der Warteschlangen; er weiß nicht, wann der Empfänger auf
der anderen Seite die Daten abnimmt.

6.3.2 Parameter für die Dienstgüte

Für die Teilnehmerverbindung zwischen zwei Partner-Instanzen sind verschiedene →**Dienstgütemerkmale** vorgesehen. Sie können über Parameter zwischen den Benutzern des Transportdienstes beim Eröffnen der Verbindung für die Dauer der Verbindung vereinbart werden. Daraufhin wird vom Transportdienst-Erbringer das entsprechende Transportprotokoll ausgewählt. Solche Dienstgütemerkmale sind:

- Maximal akzeptierte Dauer für den Aufbau einer Teilnehmerverbindung

- Verhältnis von gescheiterten Verbindungsaufbauwünschen zu der Summe aller Verbindungsaufbauwünsche

- Die Anzahl der Oktaden von Transportdienst-Dateneinheiten, die je Zeiteinheit erfolgreich übertragen werden; dieser Durchsatz ist unabhängig für jede Übertragungsrichtung definiert.

- Zeitspanne für die Übertragung, d.h. Zeitdauer von einem T-DATA.request und dem zugehörigen T-DATA.indication; auch dieser Wert ist unabhängig für jede Übertragungsrichtung definiert.

- Das Verhältnis der Gesamtheit aller unkorrekten, verlorengegangenen und duplizierten zu der Gesamtheit aller übertragenen Transportdienst-Dateneinheiten

- Das Verhältnis aller gescheiterten Übertragungen zu allen Übertragungsversuchen in einem Beobachtungszeitraum

- Maximale Zeitdauer für die Auslösung einer Verbindung

- Das Verhältnis aller gescheiterter Verbindungsabbauwünsche zu allen Verbindungsabbauwünschen

- Verschiedene Mechanismen des Schutzes und der Sicherung von Daten, z.B. gegen 'Mithören' oder unerlaubte Manipulation der Daten

- Prioritäten zwischen verschiedenen Teilnehmerverbindungen z.B. bzgl. der Benutzung beschränkter Hilfsmittel

- Die Wahrscheinlichkeit, daß Verbindungsauslösung auftritt, die vom Transportdienst-Erbringer verursacht wird

6.3.3 Die Dienstelemente

Einen Überblick über die an dem 4/5-Dienstschnitt erbrachten Transportdienste gibt die folgende Tabelle.

	Dienst-Elemente	Parameter
Verbindungs-aufbau	T-CONNECT. request	gerufene Adresse, rufende Adresse, Option für Vorrangdaten, Dienstgüteparameter, Benutzerdaten (max. 32 Oktaden)
	T-CONNECT. indication	gerufene Adresse, rufende Adresse, Option für Vorrangdaten, Dienstgüteparameter, Benutzerdaten
	T-CONNECT. response	Dienstgüteparameter, antwortende Adresse, Option für Vorrang-daten, Benutzerdaten
	T-CONNECT. confirm	Dienstgüteparameter, antwortende Adresse, Option für Vorrang-Daten, Benutzerdaten
Normal-Datenüber-mittlung	T-DATA. request	Benutzerdaten (nicht beschränkte Anzahl von Oktaden)
	T-DATA. indication	Benutzerdaten
Vorrang-Datenüber-mittlung	T-EXPEDITED-DATA.request	Benutzerdaten (max. 16 Oktaden)
	T-EXPEDITED-DATA.indication	Benutzerdaten
Verbindungs-auslösung	T-DISCONNECT. request	Benutzerdaten (max. 64 Oktaden)
	T-DISCONNECT. indication	Grund für den Abbau, Benutzerdaten

Tab. 6.4: →Dienstelemente der Transportschicht

Verbindungsaufbau

Nebenläufige gegenseitige Verbindungsaufbauwünsche an den beiden Dienstzugangspunkten zweier Transportdienstbenutzer werden unabhängig voneinander behandelt; sie ergeben i.a. verschiedene Teilnehmerverbindungen. Die Option des Vorrang-Datentransports wird auf einer Teilnehmerverbindung nur dann zur Verfügung gestellt, wenn dies beide Partnerinstanzen in dem entsprechenden Parameter angeben. Bereits beim Verbindungsaufbau können bis zu 32 Oktaden als Benutzerdaten mitgegeben werden.

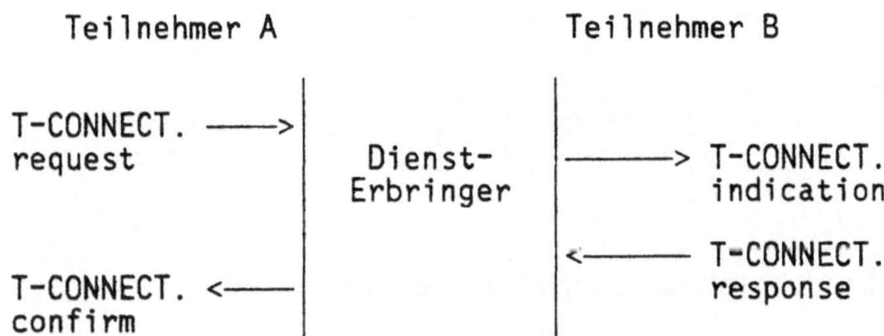

Abb. 6.5: Zeitablaufdiagramm für Verbindungsaufbau

Datenübermittlung

Eine Teilnehmerverbindung liefert einen transparenten Duplex-Datenpfad zwischen den Partnerinstanzen der Schicht 5. Dieser wird modelliert durch Warteschlangen als Bestandteil des Transportdienst-Erbringers (s. 6.3.1).

Dienst-Dateneinheiten für die Vorrang-Datenübermittlung können Vorrang in den Warteschlangen haben; sie können auch übertragen werden, wenn der Empfänger momentan normale Dateneinheiten nicht abnimmt.

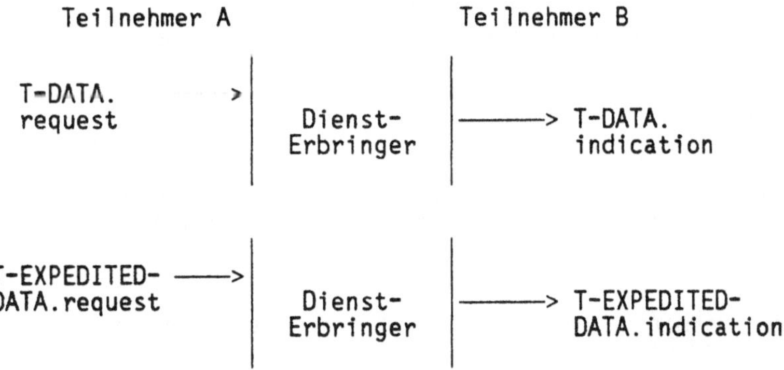

Abb. 6.6: Zeitablaufdiagramme für Datenübermittlung

Verbindungsauslösung

Die Verbindungsauslösung kann zu jeder Zeit durch jede der beiden verbundenen Partnerinstanzen erfolgen, durch die gerufene Instanz als Ablehnung eines Verbindungsaufbauwunsches oder durch den Transportdienst-Erbringer (z.B. bei fehlenden Ressourcen oder aufgetretenen Fehlern). Ein Abbauwunsch kann nicht abgelehnt werden.

Je nachdem, von wem der Verbindungsabbau initiiert wird, gibt es verschiedene mögliche zeitliche Abläufe.

```
                 A                    B

T-DISCONNECT.  ──>│              │
request           │   Dienst-    │──────> T-DISCONNECT.
                  │   Erbringer  │        indication
                  │              │
```

Abb. 6.7: Verbindungsabbau durch Teilnehmer A

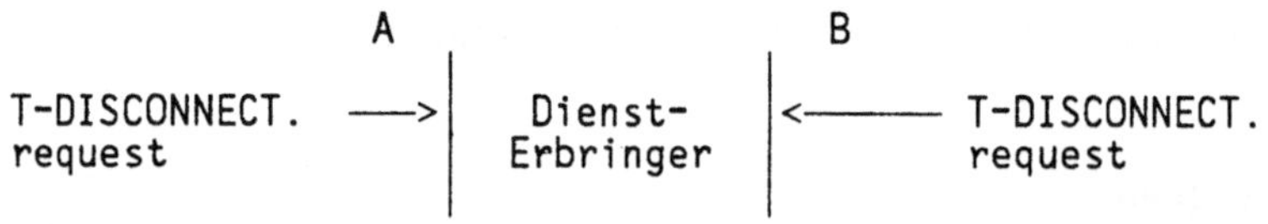

```
                 A                    B

T-DISCONNECT.  ──>│   Dienst-    │<─────── T-DISCONNECT.
request           │   Erbringer  │         request
                  │              │
```

Abb. 6.8: Verbindungsabbau simultan durch beide Teilnehmer

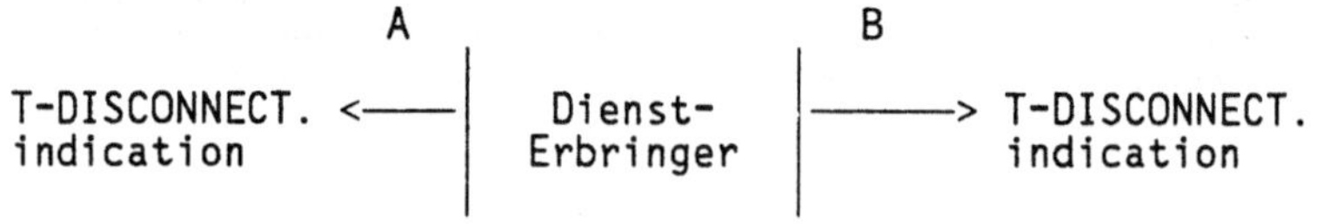

```
                 A                    B

T-DISCONNECT. <──│   Dienst-    │──────> T-DISCONNECT.
indication        │   Erbringer  │        indication
                  │              │
```

Abb. 6.9: Verbindungsabbau durch den Diensterbringer

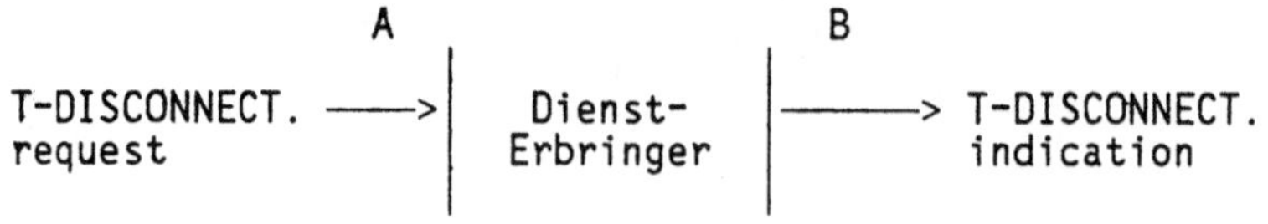

```
                 A                    B

T-DISCONNECT.  ──>│   Dienst-    │──────> T-DISCONNECT.
request           │   Erbringer  │        indication
                  │              │
```

Abb. 6.10: Verbindungsabbau simultan durch Teilnehmer A
            und Diensterbringer

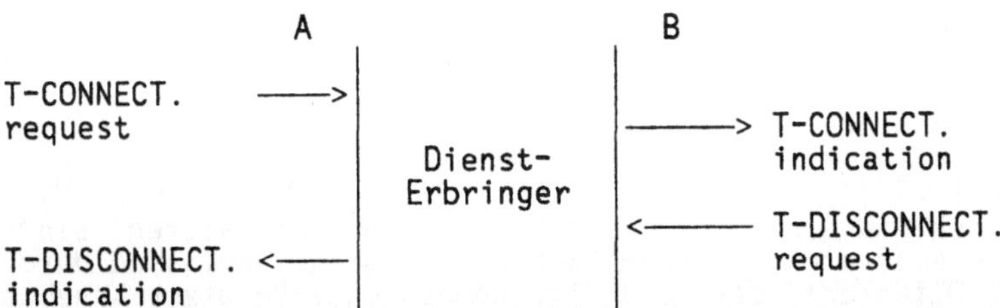

Abb. 6.11: Ablehnung eines Verbindungsaufbauwunsches durch Teilnehmer B

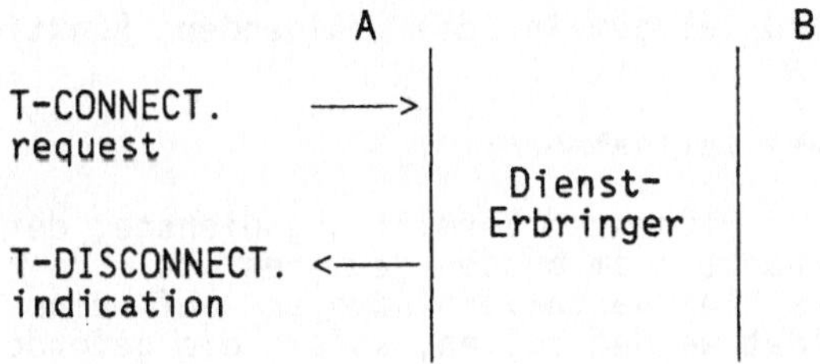

Abb. 6.12: Ablehnung eines Verbindungsaufbauwunsches durch den Diensterbringer

6.4 Protokolle der Schicht 4

6.4.1 Funktionen der Transportschicht

Die Funktionen, die in der Schicht 4 zu realisieren sind und
die damit die Protokolle der Schicht 4 bestimmen, sind durch die
funktionale Differenz der dem Transportdienst-Benutzer angebotenen
Dienste und der durch die Vermittlungsschicht zur Verfügung gestellten
Dienste gegeben. Es sollen die Benutzeranforderungen insbesondere
bzgl. Kosten, Durchsatz und Datensicherheit auf der Grundlage der
unterlagerten Vermittlungsdienste erfüllt werden. Hierzu kommunizieren
die Partnerinstanzen der Schicht 4 vermittels der →Transportprotokoll-
Dateneinheiten (**TPDEs**) miteinander.

In der Transportschicht sind allgemein die folgenden Funktionen
vorgesehen:

Verbindungsaufbau zwischen zwei Teilnehmern:

-   Auswahl desjenigen der verfügbaren Vermittlungsdienste, der zur
    Erfüllung der Teilnehmerwünsche am besten geeignet ist
-   Entscheidung, ob mehrere Teilnehmerverbindungen auf eine End-
    systemverbindung abgebildet werden sollen, sofern die geforderten
    Gütemerkmale der Teilnehmerverbindungen und die der zur Verfügung
    stehenden Endsystemverbindung dies zulassen
-   Festlegung der maximalen Größe der Transportprotokoll-
    Dateneinheiten
-   Abbildung von Teilnehmeradressen auf Endsystemadressen
-   Verwaltung der Teilnehmerverbindungen
-   Transport von Benutzerdaten beim Verbindungsaufbau
-   Ablehnung eines Verbindungsaufbauwunsches

Datenübermittlung:

-   Bereithalten eines Datenpfades für beidseitige Datenübermittlung
-   Numerierung der Daten-TPDEs für Zwecke der Fehlerbehebung und der
    Flußregelung. Die Numerierung erfolgt modulo 2**7 (normal) oder
    2**31 (erweitert) für beide Richtungen getrennt.
-   Verketten mehrerer TPDEs zu einer Dienstdateneinheit des Ver-
    mittlungsdienstes und entprechendes Trennen. Dabei darf die
    letzte TPDE des Blocks Teilnehmerdaten enthalten, die übrigen nur
    Kontrollinformationen.
-   Segmentieren einer Dienst-Dateneinheit des Transportdienstes in
    mehrere TPDEs und entsprechendes Vereinigen. Das Ende der zu
    einer einzigen T-Dienstdateneinheit gehörenden Folge von TPDEs
    wird durch ein Ende-Bit in der letzten TPDE gekennzeichnet. Die
    TPDEs solch eines Blocks dürfen auch zu verschiedenen Teil-
    nehmerverbindungen gehören.
-   Multiplexen und entsprechendes Demultiplexen mehrerer Teilnehmer-
    verbindungen auf eine Endsystemverbindung. Jede übertragene TPDE
    muß dazu ihr Bestimmungsziel identifizieren, um das entsprechende
    Demultiplexen zu ermöglichen.
-   Aufspalten einer Teilnehmerverbindung auf mehrere Endsystem-
    verbindungen mit dem zugehörigen Ordnen der TPDEs beim Empfänger

- →Flußregelung zur Steuerung des Flusses von Daten-TPDEs zwischen
  zwei Partner-Instanzen
- Fehlererkennung und -behebung bei Verlust, Duplizierung oder
  falscher Reihenfolge von TPDEs
- Fehlererkennung und -behebung durch eine →Prüfsumme (checksum)
  bei Verfälschung. Als optionale Funktion kann die Bildung und
  Kontrolle einer Prüfsumme für alle TPDEs vereinbart werden. Diese
  Prüfsumme umfaßt 2 Oktaden und wird nach einem festgelegten
  Verfahren aus allen Oktaden der TPDE gebildet. Der Empfänger der
  TPDE kann diese Prüfsumme verifizieren. Im negativen Fall muß für
  alle Teilnehmerverbindungen, die über diese gleiche Endsystem-
  verbindung laufen, ein Fehler des zugrundeliegenden Vermitt-
  lungsdienstes angenommen werden.
- Wiederholtes Senden von TPDEs bei Ablauf einer Zeitgrenze
- Behandlung von Protokollfehlern
- Identifizierung von Teilnehmerverbindungen
- Neuzuordnung einer Teilnehmerverbindung zu einer Endsystemverbin-
  dung , wenn die ursprüngliche Endsystemverbindung nicht mehr
  existiert
- Zwischenspeicherung der Protokolldateneinheiten CR, CC, DR, DT,
  ED (s. 6.4.3) bis zu ihrer Bestätigung durch den Partner
- Resynchronisation einer Teilnehmerverbindung im Fehlerfall, d.h.
  nach einem Reset der zugehörigen Endsystemverbindung. Hierzu muß
  der Zustand der Teilnehmerverbindung vor dieser Störung wieder-
  hergestellt werden.
- Vorrang-Datentransport mit eigener Flußregelung und eigener
  Numerierung
- Überwachung der Inaktivität der Teilnehmerverbindung

Verbindungsabbau zur Auslösung einer Verbindung, unabhängig von ihrem
aktuellen Zustand:

- Eine Teilnehmerverbindung kann **implizit** ausgelöst werden durch
  Auslösung der unterlagerten Endsystemverbindung (Protokollklasse
  0). Die entsprechende N-DISCONNECT-Anzeige bei der Partnerinstanz
  wird dabei auch als Auslösungsanzeige für die Teilnehmerverbindung interpretiert.
- Bei **expliziter** Auslösung einer Teilnehmerverbindung verständigen
  sich die beiden Partnerinstanzen mit den DR- bzw. DC-Protokoll-
  Dateneinheiten.
- Eine Teilnehmerverbindung gilt auch implizit als beendet, wenn
  für die zugehörige Endsystemverbindung z.B. aufgrund eines nicht
  behebbaren Fehlers ein N-DISCONNECT oder N-RESET gegeben wird;
  sie kann einer neuen Endsystemverbindung zugeordnet werden.
- Der Identifizierer für eine Teilnehmerverbindung kann nach deren
  Auslösung für eine gewisse Zeit 'eingefroren', d.h. für die
  Neuvergabe gesperrt werden. Dadurch wird verhindert, daß TPDEs
  der alten Verbindung, die sich noch im Netz befinden, einer neuen
  Verbindung mit dem gleichen Identifizierer zugeordnet werden.

6.4.2 Protokollklassen

Abhängig von den von beiden Transportinstanzen bei Verbindungsaufbau ausgehandelten Dienstgüteparametern für die Verbindung und den zur Verfügung stehenden Vermittlungsdiensten werden unterschiedliche Kombinationen der Funktionen in der Schicht 4 relevant sein. Zu diesem Zweck sind fünf verschiedene Klassen von Funktionen und damit auch Klassen von Transportprotokollen definiert.

Klasse 0 :   →Einfachklasse (→simple class; entspricht dem Teletex-Transportprotokoll)

Klasse 1 :   →Einfache Fehlerbehebungsklasse (→basic error recovery class)

Klasse 2 :   →Multiplexklasse (→multiplexing class)

Klasse 3 :   →Fehlerbehebungs- und Multiplexklasse (→error recovery and multiplexing class)

Klasse 4 :   →Fehlererkennungs- und Fehlerbehebungsklasse (→error detection and recovery class)

Die Auswahl der Transportprotokollklasse mit evtl. noch weiteren Optionen wird beim Verbindungsaufbau zwischen den beiden Transportinstanzen vereinbart. Die Auswahl hängt dabei von den bei Verbindungsaufbau angegebenen Dienstgüteparametern und der Qualität des zugrundeliegenden Vermittlungsdienstes ab. Der Vermittlungsdienst wird bezüglich seiner Qualität ebenfalls in Klassen eingeteilt.

Typ A: Endsystemverbindung mit einer vom Teilnehmer akzeptierten Häufigkeit von nicht gemeldeten Fehlern (die z.B. nicht durch N-DISCONNECT.indication oder N-RESET.indication der Schicht 4 bekannt werden) und einer akzeptierten Häufigkeit von nach oben gemeldeten Fehlern.

Typ B: Die Häufigkeit der nicht gemeldeten Fehler wird akzeptiert; die Häufigkeit der nach oben gemeldeten Fehler kann nicht akzeptiert werden.

Typ C: Die Häufigkeit der von der Schicht 3 nicht gemeldeten Fehler ist nicht akzeptabel.

Die hierin ausgedrückte Dienstgüte von Endsystemverbindungen muß den Instanzen der Transportschicht bekannt sein.

6.4.3 Protokoll-Dateneinheiten

Die Protokoll-Dateneinheiten der Transportschicht (TPDEs) werden im Datenfeld der Dienstelemente N-DATA bzw. N-EXPEDITED-DATA des Endsystemverbindungsdienstes übertragen.

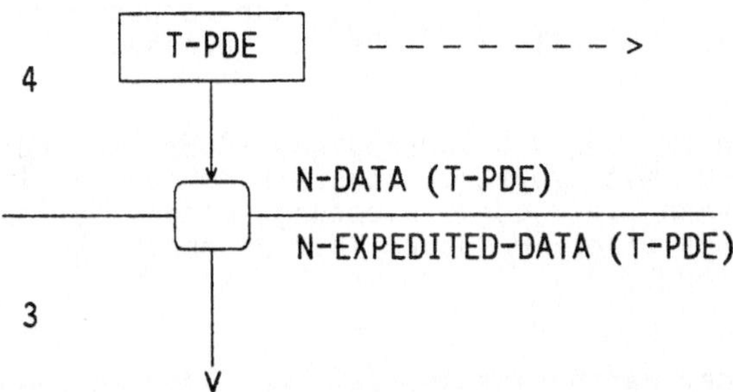

Abb. 6.13: Abbildung von Protokoll-Dateneinheiten auf Dienst-Dateneinheiten

Die Protokoll-Dateneinheiten der Schicht 4 sind:

CR   CONNECTION REQUEST
        Aufbauwunsch für eine Teilnehmerverbindung
        Grundsätzlich - für alle Protokollklassen - gilt, daß nur die Instanz eine Teilnehmerverbindung aufbauen darf, die auch die zugehörige Endsystemverbindung aufbaut oder aufgebaut hat.

CC   CONNECTION CONFIRM
        Bestätigung eines Verbindungsaufbauwunsches

DR   DISCONNECT REQUEST
        Abbauwunsch für eine Teilnehmerverbindung oder Ablehnung eines Aufbauwunsches. Daten, die nach Absenden von DR noch ankommen, werden ignoriert.

DC   DISCONNECT CONFIRM
        Bestätigung für die Auslösung der Teilnehmerverbindung

DT   DATA
        Übertragung von Benutzerdaten zur Partnerinstanz

ED   EXPEDITED DATA
        Vorrang-Datentransport. Die ED-TPDE enthält in ihrem Datenfeld die Transportdienstdaten für die Vorrang-Datenübermittlung. Hierfür gelten vom normalen Datenverkehr unabhängige Bedingungen und Flußregelungsmechanismen. Es ist sichergestellt, daß eine ED-Transportdienst-Dateneinheit den Empfänger nicht später erreicht als vom Teilnehmer anschließend übergebene Dateneinheiten. Die Dateneinheiten für den vorrangigen Datenverkehr

haben sogar Priorität vor den übrigen normalen Daten in der Warteschlange der Schicht 4 (s. Abb. 6.3). Damit ist es z.B. möglich, unabhängig von möglichen Stauungen des normalen Datenverkehrs Vorrangdaten zu übermitteln. Für den Transport der ED-TPDEs kann unter gewissen Umständen wiederum der entsprechende Dienst der Schicht 3 verwendet werden.

AK   DATA ACKNOWLEDGE
      Bestätigung für den Empfang von TPDEs. Nur verwendbar in den Protokollklassen, die explizite Flußregelung zulassen.

EA   EXPEDITED ACKNOWLEDGE
      Bestätigung für den Empfang von vorrangigen TPDEs. Nur verwendbar im Zusammenhang mit Vorrang-Datenverkehr und expliziter Flußregelung. Es kann in jeder Richtung einer Teilnehmerverbindung jeweils nur eine ED-Protokolldateneinheit unbestätigt sein.

RJ   REJECT
      Im Fehlerfall wird der Partnerinstanz zum Zweck der Resynchronisation die Nummer der nächsten erwarteten TPDE mitgeteilt. Nur verwendbar in den Protokollklassen 1 und 3, die Mechanismen der Wiederherstellung enthalten.

ER   ERROR
      Signalisierung von Protokollfehlern an die Partnerinstanz

6.4.4 Klasse 0: →Einfachklasse

Dies ist das einfachste Transportprotokoll, das völlig der CCITT-Empfehlung T.70 für Teletex entspricht. Es ist anwendbar für Endsystemverbindungen vom Typ A (s. 6.4.2).

Diese Protokollklasse ist charakterisiert durch die folgenden Leistungen:

- In der Verbindungsaufbauphase können keine Benutzerdaten transportiert werden.

- Standardmäßig ist die maximale Länge der Daten-TPDEs 128 Oktaden; vereinbart werden können auch die Längen 256, 512, 1024 und 2048.

- Transport-Dienstdateneinheiten können segmentiert werden.

- Keine eigene Flußregelung; es wird die der Vermittlungsschicht als ausreichend betrachtet.

- Prozedurfehler werden erkannt und gemeldet (ER-Protokolldateneinheit oder N-DISCONNECT.request).

- Nur implizite Verbindungsauslösung (s. 6.4.1)

6.4.5 Klasse 1: →Einfache Fehlerbehebungsklasse

Diese Klasse liefert einfache Teilnehmerverbindungen mit minimalen Dienstgüteanforderungen, insbesondere die Behebung von Fehlern, die durch die Vermittlungsschicht gemeldet werden (N-DISCONNECT, N-RESET).

Diese Protokollklasse ist entworfen für unterlagerte Endsystemverbindungen vom Typ B.

Zusätzlich zu den Funktionen der Protokollklasse 0 gelten für die Klasse 1 die folgenden Charakteristika:

- Beim Verbindungsaufbau können auch Benutzerdaten transportiert werden.

- Neuzuordnung einer Teilnehmerverbindung zu einer Endsystemverbindung nach einem N-DISCONNECT

- Numerieren der Daten-TPDEs getrennt für beide Richtungen

- Zwischenspeichern von TPDEs bis zu ihrer Bestätigung durch den Empfänger. Diese Bestätigung geschieht durch die AK-TPDE oder durch den entsprechenden Dienst der Vermittlungsschicht.

- Resynchronisation einer Teilnehmerverbindung nach einem N-RESET; in der Datenphase kann dies geschehen, indem über RJ der nächste erwartete Datenblock angefordert wird.

- Verketten von TPDEs

- Vorrang-Datenübermittlung mit oder ohne Benutzung des unterlagerten Vermittlungsdienstes für vorrangigen Datentransport. Bestätigung von ED durch EA. Die ED-TPDEs werden numeriert mit der einzigen Bedingung, daß unterschiedliche ED-TPDEs unterschiedliche Nummern tragen müssen.

- Explizite Verbindungsauslösung

- Für jede Teilnehmerverbindung wird die zugehörige Identifikation nach der Auslösung für eine bestimmte Zeit eingefroren (mit einigen wenigen Ausnahmen).

6.4.6 Klasse 2: →Multiplexklasse

Die wichtigste Funktion dieser Protokollklasse ist das Multiplexen
mehrerer Teilnehmerverbindungen auf eine Endsystemverbindung. Um dabei
Stauungen und Überlastungen auf einer solchen Endsystemverbindung zu
vermeiden, ist die explizite Flußregelung verfügbar. Optional kann
auch auf die Anwendung der Flußregelung verzichtet werden, wenn die
Art der gewünschten Teilnehmerverbindung dies zuläßt. Funktionen der
Fehlererkennung und Fehlerbehebung sind in dieser Klasse nicht vorgesehen.

Zusätzlich zu den Funktionen der Protokollklasse 0 gelten für die
Klasse 2 die folgenden Charakteristika:

- Beim Verbindungsaufbau können Benutzerdaten transportiert werden.

- Identifikation einer Teilnehmerverbindung. Diese Identifikation
  wird jeder TPDE mitgegeben; dadurch wird das Multiplexen ermöglicht. TPDEs mit unbekannter Identifikation werden ignoriert.

- Multiplexen mehrerer Teilnehmerverbindungen auf eine Endsystemverbindung

- Explizite Flußregelung; die Nicht-Anwendung kann vereinbart werden.

- Numerierung der TPDEs unabhängig für beide Richtungen

- Vorrang-Datentransport ohne Benutzung der entsprechenden Funktion
  des unterlagerten Vermittlungsdienstes. Vorrang-Datentransport ist
  nur dann zugelassen, wenn die explizite Flußregelung angewendet
  wird. Der Datenteil hat eine maximale Länge von 16 Oktaden. Es kann
  höchstens eine Dateneinheit dieser Art unbestätigt unterwegs sein.
  Vorrangdaten können früher ankommen als vorher zum Senden übergebene Daten; sie kommen immer früher an als später übergebene Daten.

- Verketten von TPDEs

- Bestätigung des Empfangs von TPDEs durch die AK-TPDE. Dies gilt
  nur, wenn die Anwendung der expliziten Flußregelung vereinbart ist.

- Explizites Auslösen einer Teilnehmerverbindung

- Implizites Beenden von Teilnehmerverbindungen: Für den Fall eines
  N-DISCONNECT oder N-RESET gelten auch alle zugehörigen Teilnehmerverbindungen als ausgelöst.

Mechanismus der Flußregelung

Die →Flußregelung wird für beide Richtungen der Datenübermittlung
getrennt durchgeführt. Der Sender führt einen Sendefolgezähler T(S)
zur Durchnumerierung aller von ihm gesendeten Daten-TPDEs, beginnend
bei 0, aufsteigend in Schritten von 1 und modulo 128 gezählt. Der
jeweilige Wert von T(S) wird den Daten-TPDEs als Sendefolgenummer
(send sequence number) mitgegeben. Der Empfänger führt einen Empfangs-

folgezähler T(R) (received sequence number), der die Nummer der nächsten erwarteten Daten-TPDE angibt. Empfang einer Daten-TPDE, deren Folgenummer nicht dem Zählerstand T(R) entspricht, bedeutet Protokoll-fehler.

Die Flußregelung wird nun analog zu den Schichten 2 und 3 über einen Fenstermechanismus realisiert. Über den 'Credit'-Parameter (4 Bits) der CR-, CC- bzw. AK-TPDEs autorisiert der Empfänger den Sender, eine bestimmte Anzahl von Daten-TPDEs zu senden; dies ist die →**Fenstergröße** w. w wird anfangs durch CR bzw. CC gesetzt und wird durch jedes AK des Empfängers neu festgelegt.

Der Fensterausschnitt ist anfangs definiert durch die Begrenzungen

- untere Fensterecke : 0 als kleinste Sendefolgenummer, die gesendet
                        werden darf
- obere Fensterecke : untere Fensterecke erhöht um w (modulo 128)

Weitere Daten-TPDEs können gesendet werden, solange T(S) kleiner als die obere Fensterecke ist. Im anderen Fall muß auf Bestätigung mit Neusetzen von w gewartet werden.

Der Empfänger bestätigt mit der AK-TPDE, indem er T(R) und im 'Credit'-Parameter das neue w mitschickt. Damit wird für den Sender das Fenster neu gesetzt:

- untere Fensterecke : T(R)
- obere Fensterecke : T(R) + w (modulo 128)

Als einzige Einschränkung gilt in dieser Protokollklasse, daß der neue Wert der oberen Fensterecke nicht kleiner als der alte sein darf.

6.4.7 Klasse 3 : →Fehlerbehebungs- und Multiplexklasse

Zusätzlich zu den Funktionen der Protokollklasse 2 werden hier Fehlersituationen behandelt, die von der Vermittlungsschicht gemeldet werden. Es werden Endsystemverbindungen vom Typ B zugrunde gelegt. Die explizite Flußregelung wird hier immer angewendet.

Zusätzlich zu den Funktionen der Protokollklasse 2 - immer mit expliziter Flußregelung - gelten für die Klasse 3 die folgenden Charakteristika:

- Genaue Spezifikation des Verhaltens einer Transportinstanz, wenn
  nach Aussenden eines CR oder CC ein Fehler von der Vermittlungsschicht gemeldet wird.

- Zwischenspeicherung gesendeter TPDEs bis zu ihrer Bestätigung durch
  den Empfänger

- Die Bestätigung erfolgt über den Wert des Empfangsfolgezählers T(R)
  in AK. Mit dem Wert 0 im 'Credit'-Parameter kann dabei bestätigt
  werden, ohne das Recht zum weiteren Senden von Daten zu erteilen.

- Über die RJ-TPDE kann die Fenstergröße w verringert werden.

- Wiederholtes Senden wird mit der RJ-TPDE durch Übermitteln des
  zugehörigen T(R)-Wertes verlangt. Dabei darf dieses T(R) nicht
  kleiner als ein bereits bestätigter Wert sein.

- Mit der RJ-TPDE kann der alte Wert der oberen Fensterecke auch
  verringert werden.

- Nach einer Fehlermeldung durch die Vermittlungsschicht kann der
  Empfänger dem Sender mit RJ die Sendefolgenummer der nächsten
  erwarteten Daten-TPDE mitteilen.

- Kein implizites Beenden einer Teilnehmerverbindung. Von der Vermittlungsschicht gemeldetes N-DISCONNECT oder N-RESET wird durch
  Neuzuordnung der Teilnehmerverbindung und durch Resynchronisation
  aufgefangen.

- Für jede Teilnehmerverbindung wird die zugehörige Identifikation
  nach der Auslösung für eine bestimmte Zeit eingefroren (mit einigen
  wenigen Ausnahmen).

6.4.8 Klasse 4 : →Fehlererkennungs- und Fehlerbehebungsklasse

Die Leistungen der Protokollklasse 3 werden in der Klasse 4 ergänzt um
die Erkennung von Fehlern eines unterlagerten Vermittlungsdienstes
geringerer Qualität. Hierzu gehören Verlust, falsche Reihenfolge oder
Verdoppelung von TPDEs (sowohl von Daten- als auch anderer TPDEs). Als
zugrundeliegende Endsystemverbindungen werden solche vom Typ C angenommen.

Im einzelnen sind zusätzlich zu denen der Klasse 3 die folgenden
Funktionen enthalten:

- Es werden eine Reihe von Zeitschranken definiert und überwacht:

  M : Maximale Verweilzeit einer N-Dienst-Dateneinheit in der Ver-
       mittlungsschicht (getrennt für beide Übermittlungsrichtungen)
  E : Erwartete maximale Verweilzeit einer N-Dienst-Dateneinheit in
       der Vermittlungsschicht (getrennt für beide Richtungen)
  A : Maximale Antwortzeit zwischen Empfang einer TPDE aus der
       Vermittlungsschicht und ihrer Bestätigung; A(L) für die
       lokale Instanz, A(R) für die entfernte Partnerinstanz
  T1 : Lokale Wiederholungszeit zwischen dem Absenden einer TPDE,
       dem vergeblichen Warten auf Bestätigung und dem erneuten
       Senden dieser TPDE
  R : Gesamt-Wiederholungszeit: Maximale Zeitspanne, in der das
       Senden einer TPDE mehrfach wiederholt werden kann
  L : Maximale Zeitspanne zwischen dem ersten Senden einer TPDE
       und dem Empfang einer irgendwie gearteten Quittung darauf.
       Während dieses Zeitintervalls sollte z.B. eine Folgenummer
       nicht neu benutzt werden
  I : Inaktivitätszeit; maximale Zeitdauer ohne Empfang einer TPDE
       vom Partner
  W : Maximale Zeitspanne zwischen dem Senden von Informationen
       bzgl. des Fenstermechanismus

N   : Maximale Anzahl der Wiederholungen für das Senden einer TPDE; N wird in Abhängigkeit von der gewünschten Qualität der Teilnehmerverbindung und der zur Verfügung stehenden Qualität der Endsystemverbindung gewählt.

- Der Verbindungsaufbau ist in der Klasse 4 zweiseitig bestätigt: Eine Verbindung gilt erst dann als aufgebaut, wenn der Sender von CR nach Empfang von CC unmittelbar mit DT, ED oder AK geantwortet hat.

- Infolge Verdoppelung kann ein CR für eine Verbindung empfangen werden, die bereits existiert. Ist der Empfänger schon in der Datenphase, ignoriert er dieses CR; im anderen Fall wird es mit CC beantwortet. Analog wird der Empfang eines CC ignoriert, wenn die Verbindung bereits existiert.

- Ein CC mit einer eingefrorenen Verbindungsidentifikation wird mit DR beantwortet.

- Wurde ein CR mit DR beantwortet, wird diese Verbindungsidentifikation für die Zeitdauer L eingefroren.

- Folgekontrolle: Eine Transportverbindung kann auf mehrere Teilnehmerverbindungen aufgespalten werden. Die Transportinstanzen sind für die Herstellung der richtigen Reihenfolge der TPDEs verantwortlich.

- Die Prüfsumme für TPDEs kann benutzt werden.

- Verdoppelte Daten-TPDEs können über die Sendefolgenummer $T(S)$ erkannt werden. Daher darf derselbe $T(S)$-Wert nicht vor Ablauf der Zeitspanne L erneut verwendet werden. Auch duplizierte Daten-TPDEs werden bestätigt; denn die Bestätigung des ersten angekommenen Exemplares könnte verloren gegangen sein.

- Für die Wiederholung von DT- bzw. ED-TPDEs sind die Größen T1 und N maßgebend. Sind alle Versuche gescheitert, wird die Teilnehmerverbindung ausgelöst und der Teilnehmer informiert.

- DT- bzw. ED-TPDEs müssen durch AK bzw. EA bestätigt werden. Hierfür ist die Größe $A(L)$ maßgebend, um unnötige Wiederholungen des Sendens zu vermeiden. Ein AK übermittelt dabei die Sendefolgenummer der nächsten erwarteten Daten-TPDE. Es können mehrere AK-TPDEs mit derselben Quittungsnummer (und evtl. unterschiedlichen Fenstergrößen) nacheinander geschickt werden.

- Der Sicherstellung einer ausreichend schnellen Synchronisation bzgl. der Flußregelungsinformation, z.B. des Austauschs der AK-TPDEs, dient die Zeitgröße W.

- Mit der AK-TPDE kann bei gleicher Quittungs-Empfangsfolgenummer nur die Fenstergröße verändert werden. In diesem Fall wird eine Reihenfolge dieser AK-TPDE durch Verwendung einer Unter-Folgenummer definiert.

- Zur gegenseitigen Synchronisation für den Fenstermechanismus kann
  der Empfänger B eines AK seinerseits mit einem AK eine Fluß-
  regelungs-Bestätigung an den Sender A zurückschicken: Als zusätzliche Parameter werden in dem bestätigenden AK die empfangenen
  Werte für die untere Fensterecke und den 'Credit'-Parameter w
  zurückgesandt. Damit ist der Sender A über den Zustand der
  empfangenden Transportinstanz B informiert und kann u.U. das
  häufige Neusenden von Fensterinformationen reduzieren.

- Der Vorrang-Datentransport unterliegt den Bedingungen wie in Klasse
  2 und 3. Zusätzlich gilt, daß jede ED-TPDE sofort mit EA quittiert
  werden muß. Der Sender eines ED darf keine weiteren Daten-TPDEs
  senden, bevor er nicht die Bestätigung durch EA erhalten hat.

- Ist die Inaktivitätszeitspanne I für eine Transportinstanz abge-
  laufen, ohne daß sie von der Partnerinstanz Sendungen empfangen
  hat, wird die Transportverbindung mit DR ausgelöst. Um dies zu
  verhindern, muß eine Instanz, die keine Daten zu senden hat,
  wiederholt AK abschicken.

- Die DR-TPDE für die Verbindungsauflösung trägt keine Folgenummer.
  Daten-TPDEs, die später als ein DR eintreffen, werden ignoriert.

- Für jede Teilnehmerverbindung wird die zugehörige Identifikation
  nach der Auslösung für die Zeitdauer L eingefroren.

6.5 Literatur

/CCI X.214/CCITT Recommendation X.214
            Transport   Service   Definition of Open Systems
            Interconnection for CCITT Applications, Genf 1984

/CCI X.224/CCITT Recommendation X.224
            Transport Protocol Specification of Open Systems
            Interconnection for CCITT Applications, Genf 1984

/ECMA 72/   Standard ECMA-72
            Transport Protocol September 1982

/ISO 8072/ DIN/ISO 8072
            Informationsverarbeitung - Kommunikation Offener Systeme -
            Definition der Dienste der Transportschicht, Berlin 1984

/ISO 8073/ DIN/ISO 8073
            Informationsverarbeitung - Kommunikation Offener Systeme -
            Spezifikation   der   Dienste   der verbindungsorientierten
            Protokolle der Transportschicht, Berlin 1984

7 Dienste und Protokolle der Kommunikationssteuerungsschicht

7.1 Einführung

In der Schicht 5 der Kommunikationsarchitektur nach dem ISO-Referenzmodell sind die Funktionen angesiedelt, die Sprachmittel für Aufbau,
Durchführung und Abbau von Sitzungen zwischen zwei Teilnehmern bereitstellen. Durchführung heißt insbesondere für die Synchronisation des
Dialoges zwischen ihnen.

Es werden also **Sprachmittel** für kommunizierende Teilnehmer bereitgestellt; sie können von diesen gemäß den Inhalten und dem Zweck ihrer
Kommunikationsbeziehung benutzt werden. Das bedeutet z.B., die
Synchronisationsdienste der Schicht 5 ergeben erst dann einen Sinn,
wenn sie abhängig von den Bedürfnissen der Anwendung verwendet werden.
Die Durchführung der Synchronisation liegt voll beim Benutzer, d.h.
in den Schichten 6 und 7. Die Schicht 5 stellt hierfür die
Sprachmittel und die zugehörige Funktionalität zur Verfügung. Mit
deren Hilfe kann das Setzen von Synchronisationspunkten, der Anstoß
zur Resynchronisation, das Abspeichern und erneute Senden von Daten
durch die Anwendung erfolgen. Dies ist ein struktureller Unterschied
z. B. zur Transportschicht, die eine weitgehend in sich abgeschlossene
Funktionalität bietet, den gesicherten Datentransport zwischen zwei
Teilnehmern.

Von der ISO und dem DIN liegen die Spezifikationen für die Dienste und
das Protokoll als DIS (Draft International Standard) bzw. als Normenentwurf vor (s. /ISO 8326/, /ISO 8327/); sie sind mit einigen Korrek-
turen inzwischen bereits zum IS angemeldet. Sie sind im wesentlichen
identisch mit den entsprechenden CCITT-Empfehlungen /CCI X.215/ und
/CCI X.225/. Diese ISO-Normen werden im folgenden vorgestellt. Weitere
Protokollvorschläge sind der Standard →ECMA-75 /ECMA-75/, dieser
entspricht funktionell der Teilmenge BSS (s. 7.2.2); der nationale
Vorschlag →EHKP5 /BMI 83/, identisch mit dem im europäischen Projekt
→GILT (Get Interconnection of Local Textsystems) entwickelten Kommu-
nikationsprotokoll, ist nahezu funktionell gleich mit der Teilmenge
BAS (s. 7.2.2); das Teletex-Protokoll T.62 für die Sitzungs- und
Dokumentenschicht von CCITT ist eine aufwärtskompatible Teilmenge von
BAS.

7.2 Übersicht über die Dienste

7.2.1 Funktionseinheiten

Funktionseinheit	Dienste	Berechtigungsmarken
kernel	S-CONNECT S-DATA S-RELEASE S-U-ABORT S-P-ABORT	
half-duplex	S-TOKEN-PLEASE S-TOKEN-GIVE	data token
duplex	keine zusätzlichen Dienste	
negotiated release	S-RELEASE S-TOKEN-PLEASE S-TOKEN-GIVE	release token
expedited data	S-EXPEDITED-DATA	
typed data	S-TYPED-DATA	
capability data exchange	S-CAPABILITY-DATA	
minor synchronize	S-SYNC-MINOR S-TOKEN-PLEASE S-TOKEN-GIVE	synchronize-minor token
major synchronize	S-SYNC-MAJOR S-TOKEN-PLEASE S-TOKEN-GIVE	major/activity token
resynchronize	S-RESYNCHRONIZE	
exceptions	S-U-EXCEPTION-REPORT S-P-EXCEPTION-REPORT	
activity management	S-ACTIVITY-START S-ACTIVITY-RESUME S-ACTIVITY-INTERRUPT S-ACTIVITY-DISCARD S-ACTIVITY-END S-TOKEN-PLEASE S-TOKEN-GIVE S-CONTROL-GIVE	major/activity token

Tab. 7.1: Funktionseinheiten und ihre Dienste

Die Funktionalität der Kommunikationssteuerungsschicht und damit die
von ihr angebotenen Dienste werden mit →Funktionseinheiten
(→functional units) beschrieben. Diese sind Gruppierungen von logisch
zusammengehörigen Diensten. Bei Aufbau einer Sitzung werden in der
Verbindungsaufbauphase die für diese Kommunikationsbeziehung zu
verwendenden Dienste in der Form der Funktionseinheiten vereinbart.

Tabelle 7.1 gibt eine Übersicht über die Funktionseinheiten und die
ihnen zugehörigen Dienste.

Die Funktionseinheit 'kernel' stellt eine minimale Funktionalität für
eine Sitzung zur Verfügung. Sie ist obligatorischer Bestandteil jeder
Sitzung und unterliegt daher nicht der Vereinbarung bei Verbindungsaufbau. Die Konformitätsaussage der ISO lautet allerdings, daß jede
implementierte Protokollmaschine für die Schicht 5 außer dem 'kernel'
auch mindestens die Funktionalität von 'half-duplex' oder 'duplex'
enthalten soll.

'half-duplex' liefert die Möglichkeit zur wechselseitigen Datenübermittlung. Es existiert eine Daten-Berechtigungsmarke (→data token),
die das Senderecht regelt und die zwischen den Teilnehmern ausgetauscht werden kann.

In der Funktionseinheit 'duplex' ist beidseitige Datenübermittlung
zugelassen, d.h. beide Teilnehmer dürfen gleichzeitig Daten senden.
Die Funktionseinheiten 'duplex' und 'half-duplex' dürfen nicht
zusammen vereinbart werden.

Die übrigen Funktionseinheiten stellen Dienste zur Verfügung, z.T. mit
Berechtigungsmarken (tokens), die im einzelnen in 7.2.3 beschrieben
werden.

Es gibt gewisse Abhängigkeiten und Zusammenhänge für die Vereinbarung
von Funktionseinheiten, die in Tabelle 7.2 dargestellt sind.

Funktionseinheit	Abhängigkeit
kernel	obligatorisch für jede Sitzung
half-duplex	schließt duplex aus
duplex	schließt half-duplex aus
capability data exchange	setzt activity management voraus

Tab. 7.2: Abhängigkeiten zwischen den Funktionseinheiten

7.2.2 Teilmengen von Diensten

Aus der Menge der Funktionseinheiten kann bei Aufbau der Sitzung
zwischen beiden Teilnehmern eine beliebige Teilmenge vereinbart werden
- unter Beachtung der in Tabelle 7.2 geschilderten Randbedingungen. Um
eine weltweite Kommunikation zu erleichtern und zu verhindern, daß zu
oft Inkompatibilitäten wegen bei einem Partner nicht implementierter
Funktionseinheiten auftreten, werden in dem DIN/ISO-Standard drei
spezielle Teilmengen von Funktionseinheiten vorgeschlagen. Damit
verbunden ist der Gedanke, daß jede Anwendung mit einer dieser drei
Teilmengen auskommt und daß die Funktionseinheiten damit auch überall
in diesen Gruppierungen implementiert werden. Es sei aber nochmals
betont, daß diese Teilmengen nicht analog zu den Protokollklassen der
Transportschicht zu sehen sind; bei Verbindungsaufbau werden jeweils
die einzelnen Funktionseinheiten vereinbart.

Diese drei Teilmengen mit ihren zugehörigen Funktionseinheiten sind:

→**Basic Combined Subset (→BCS)**
- kernel
- half-duplex oder duplex

→**Basic Synchronized Subset (→BSS)**
- kernel
- half-duplex
- negotiated release
- typed data
- minor synchronize
- major synchronize
- resynchronize

→**Basic Activity Subset (→BAS)**
- kernel
- half-duplex
- typed data
- capability data exchange
- minor synchronize
- exceptions
- activity management

7.2.3 Berechtigungsmarken

Mit dem Konzept der →Berechtigungsmarken (→tokens) wird die Be-
rechtigung zur ausschließlichen Initiierung von einigen Diensten durch
jeweils einen der beiden Teilnehmer geregelt. Eine Berechtigungsmarke
ist ein Attribut, das, wenn es in einer Funktionseinheit definiert
ist, zu jedem Zeitpunkt genau einem der beiden Dienstbenutzer zugeordnet ist. Diese Berechtigungsmarken können vom Partner angefordert
(S-TOKEN-PLEASE) und an ihn übergeben werden (S-TOKEN-GIVE).

Die Dienste der Kommunikationssteuerungsschicht kennen vier Berechtigungsmarken:

→data token
>   Gibt an, welche Seite das Recht hat, normale Daten zu senden.
>   Ist diese Berechtigungsmarke nicht verfügbar, können beide
>   Seiten beliebig senden (duplex)

→release token
>   Gibt an, welcher Teilnehmer die Verbindung auflösen und daß
>   der andere Partner diesen Auflösewunsch ablehnen darf. Ist
>   diese Marke verfügbar, kann diese Berechtigung ausgehandelt
>   werden; ist sie nicht verfügbar, dürfen beide Seiten die Ver-
>   bindung ordnungsgemäß beenden, ohne daß der jeweilige Partner
>   die Möglichkeit zur Ablehnung hat

→synchronize-minor token
>   Gibt an, welcher Teilnehmer den Dienst, Nebensynchronisations-
>   punkte zu definieren, initiieren darf

→major/activity token
>   Gibt an, welcher Teilnehmer die Dienste für Aktivitäten
>   (activities), Eigenschaften (capability data) bzw. für Haupt-
>   synchronisation initiieren darf

Die Tabelle 7.1 beschreibt auch, in welcher Funktionseinheit welche
dieser Berechtigungsmarken verfügbar sind.

Um mögliche Kollisionen zu vermeiden, ist in dem Standard eine
Hierarchie für die Berechtigungsmarken festgelegt. Diese bedeutet, daß
bei Initiierung eines Dienstes durch einen Teilnehmer, für den ein
'token' erforderlich ist, in der Hierarchie

- data token

- synchronize minor token

- major/activitiy token

- release token

für jede darüberliegende Berechtigungsmarke gelten muß: Entweder ist
sie in dieser Sitzung nicht verfügbar (weil die entsprechende
Funktionseinheit nicht ausgewählt wurde) oder sie liegt auch bei
demselben Teilnehmer.

Die anfängliche Zuordnung der Berechtigungsmarken wird für Funktionseinheiten, für die solche verfügbar sind, bei Eröffnung der Sitzung
ausgehandelt. Der rufende Teilnehmer kann sie für sich beanspruchen,
er kann sie unmittelbar dem gerufenen Teilnehmer übertragen oder er
kann die Erstzuordnung dem gerufenen Teilnehmer überlassen.

7.2.4   Synchronisation

Die →Synchronisation beider Teilnehmer wird über →Synchronisationspunkte gesteuert, die von dem jeweils berechtigten Teilnehmer in den
Datenstrom eingefügt werden können. Die Bedeutung der Synchronisationspunkte ist transparent für den Diensterbringer; ihre Handhabung
liegt ganz bei der Anwendung.

→Hauptsynchronisationspunkte (**→major synchronization points**) zerlegen den Datenaustausch in eine Folge von **→Dialogeinheiten** (**→dialog
units**). Dialogeinheiten sind in sich abgeschlossene Kommunikationsbereiche; die Datenkommunikation innerhalb einer Dialogeinheit ist von
der Kommunikation vorher oder danach völlig abgetrennt. Ein Hauptsynchronisationspunkt, der vor weiterer Fortsetzung des Dialogs vom
Partner explizit bestätigt werden muß, beendet damit eine Dialogeinheit und beginnt die folgende. Somit geben Hauptsynchronisationspunkte den Anwendern ein Zeichen für den Fortschritt der Synchronie in
dem Dialog.

→Nebensynchronisationspunkte (**→minor synchronization points**) geben
dem Teilnehmer die Möglichkeit zur weiteren Unterteilung einer Dialogeinheit (s. Abb. 7.3). Sie unterteilen die Datenübermittlung in beiden
Richtungen. Nebensynchronisationspunkte, wie auch Hauptsynchronisationspunkte, dienen dazu, die Kommunikation nach Abbruch einer Dialogeinheit wieder aufzunehmen. Nebensynchronisationspunkte können explizit bestätigt werden (mit den Dienstelementen response und confirm);
sie können aber auch implizit bestätigt werden durch

-    Bestätigung eines Haupt- oder Nebensynchronisationspunktes mit
     größerer Folgenummer

-    Setzen eines Haupt- oder Nebensynchronisationspunktes mit
     größerer Folgenummer

Nebensynchronisationspunkte geben, da sie nicht bestätigt werden
müssen, keinen Anhalt für den Fortschritt der Synchronie. Sie sind
damit zunächst nur Marken im Datenstrom, auf die man sich im Falle der
Resynchronisation beziehen kann.

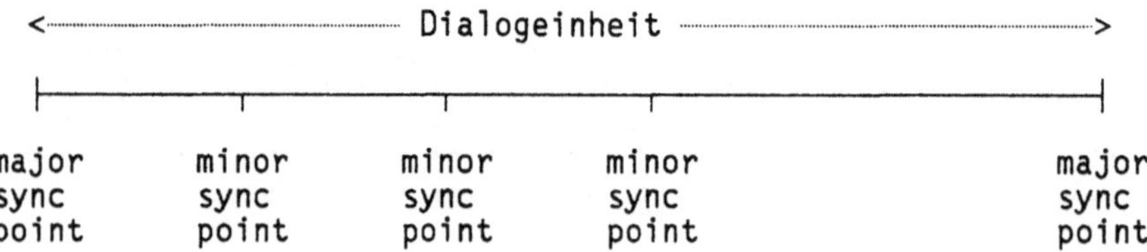

Abb. 7.3: Struktur einer Dialogeinheit

Die Synchronisationspunkte - einheitlich sowohl die Haupt- als auch
die Nebensynchronisationspunkte - werden zu ihrer Identifikation mit
einer laufenden Nummer zwischen 0 und 999999 versehen. Diese Nummer

beginnt für jede neue Aktivität (s. 7.2.6) bei 1; für eine Sitzung ohne die Funktionseinheit 'activity management' kann die Anfangsnummer bei Verbindungsaufbau angegeben werden. Nach jedem gesetzten Haupt- oder Nebensynchronisationspunkt wird sie um 1 hochgezählt. Im Falle der Resynchronisation (s. 7.2.5) wird diese Folgenummer auf einen früheren Wert gesetzt oder sie wird neu festgesetzt. Das bedeutet, diese Folgenummer für Synchronisationspunkte ist ein gemeinsames Betriebsmittel für beide Teilnehmer, das also im Prinzip vom Dienst-erbringer verwaltet wird; sie ist eine gemeinsame Variable für in beiden Richtungen initiierte Synchronisationspunkte.

7.2.5 Resynchronisation

Eine der wichtigsten Aufgaben der Kommunikationssteuerungsschicht ist es, den Teilnehmern Dienste anzubieten, die es ihnen erlauben, den Ablauf ihrer Kommunikation auf Übereinstimmung zu prüfen (Setzen von Synchronisationspunkten) und im Falle von Unstimmigkeiten die Überein-stimmung wiederherzustellen (**Resynchronisation**).

Mit dem Dienst der →Resynchronisation (S-RESYNCHRONIZE) kann ein Teilnehmer seinem Partner mitteilen, daß er

- die Folgenummer für Synchronisationspunkte auf einen neuen, noch nicht benutzten Wert gesetzt haben möchte (→abandon option),

- die Folgenummer auf einen früheren Wert zurücksetzen möchte (→restart option), der aber größer als die Nummer des letzten bestätigten Hauptsynchronisationspunktes sein muß (auf eine frühere Dialogeinheit kann nicht zurückgesetzt werden!)

- die Folgenummer auf einen beliebigen Wert neu festsetzen möchte (→set option).

Für Synchronisation und Resynchronisation stehen je nach ausgewählter Teilmenge von Funktionseinheiten unterschiedliche Dienste zur Ver-fügung. Diese sind in Tabelle 7.4 zusammengefaßt.

Teilmenge	Synchronisation	Resynchronisation
BAS	S-SYNC-MINOR S-ACTIVITY-END	S-ACTIVITY-INTERRUPT S-ACTIVITY-DISCARD S-ACTIVITY-RESUME S-U-ABORT
BSS	S-SYNC-MINOR S-SYNC-MAJOR	S-RESYNCHRONIZE S-U-ABORT

Tabelle 7.4: Dienste für Synchronisation und Resynchronisation

7.2.6 Aktivitäten

Das Konzept der →**Aktivitäten** (→**activities**) gibt eine weitere
Möglichkeit, eine Sitzung in verschiedene logisch getrennte Abschnitte
zu zerlegen. Eine Aktivität besteht aus einer oder mehreren Dialogeinheiten. In einer Sitzung können mehrere Aktivitäten aufeinander
folgen. Eine Aktivität kann unterbrochen und später in derselben oder
einer folgenden Sitzung fortgesetzt werden. Eine Aktivität kann sich
auch über mehrere Sitzungen erstrecken. Dies bedeutet, daß das
Gedächtnis für solch eine Aktivität auch über das Ende einer Sitzung
hinaus erhalten bleiben muß. Dies unterscheidet Aktivitäten insbesondere von Dialogeinheiten.

Die Folgenummer für Synchronisationspunkte beginnt für jede neue
Aktivität bei 1. Bei Fortsetzung einer unterbrochenen Aktivität wird
sie mit dem letzten alten Wert fortgesetzt.

Daten können auch außerhalb von Aktivitäten übermittelt werden.

Abhängig von der ausgewählten Teilmenge von Funktionseinheiten kann
somit eine Sitzung unterschiedlich strukturiert sein. Beispiele hierzu
gibt die Abb. 7.5.

Teilmenge BCS:

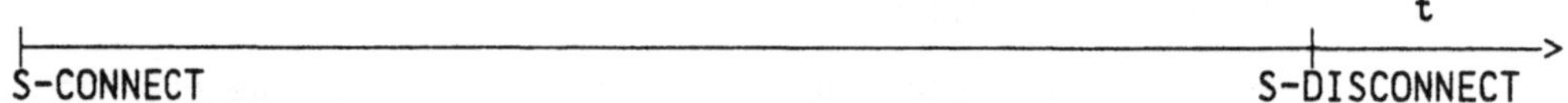

Teilmenge BSS:

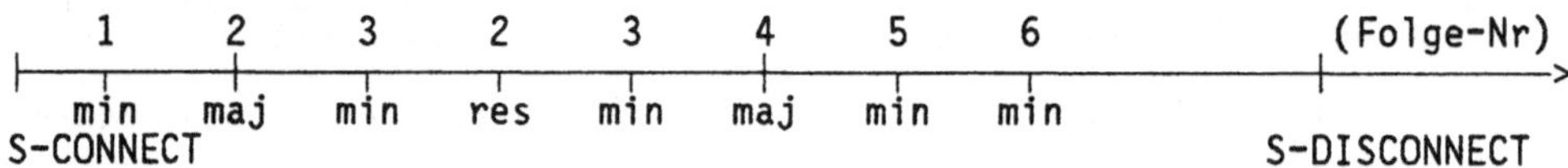

Teilmenge BAS:

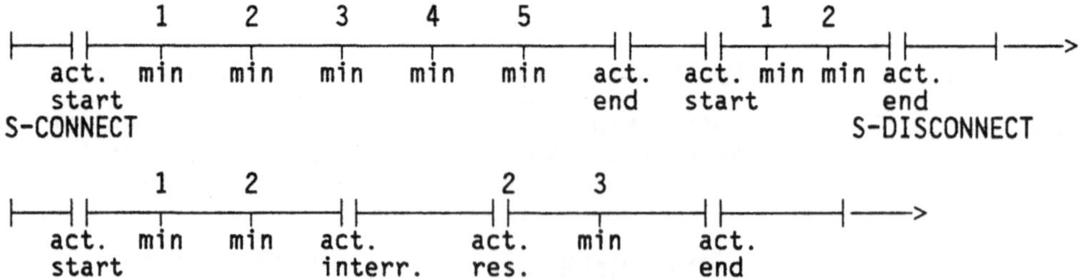

Abb. 7.5: Struktur von Sitzungen

7.3 Gütemerkmale des Kommunikationssteuerungsdienstes

Für jede Sitzung existieren bestimmte →**Gütemerkmale** oder Attribute, die diese Sitzung charakterisieren. Diese Attribute sind Anforderungen des Teilnehmers an den Diensterbringer; sie sind damit unabhängig vom Verhalten der Benutzer selbst.

Diese Güteanforderungen werden beim Aufbau der Verbindung vom rufenden Teilnehmer - als Parameter in S-CONNECT.request - an den Diensterbringer übergeben. Der Diensterbringer kann diese Qualitätswerte ablehnen, indem er sofort ein S-CONNECT.confirm mit dem 'reject'-Parameter zurückgibt. Kann der Diensterbringer die angeforderten Güteattribute erfüllen, gibt er sie mit S-CONNECT.indication an den gerufenen Teilnehmer weiter, wobei auch dieser jetzt noch die Möglichkeit zur Ablehnung hat. Ist eine Sitzung erfolgreich aufgebaut, so haben beide Benutzer das gleiche Wissen über die Dienstgüte dieser Sitzung.

Die Gütemerkmale, die bei Sitzungsaufbau auf diese Weise mit dem Diensterbringer vereinbart werden, sind

Schutz der Sitzung (protection)
Er betrifft den Umfang der Sicherungsmaßnahmen in der Schicht 5 gegen unbefugtes Mitlesen oder Ändern/Zerstören der Daten

Priorität (priority)
Betrifft die Priorität gegenüber anderen parallelen Sitzungen bei der Benutzung gemeinsamer Betriebsmittel

Fehlerrate (residual error rate)
Sie ist das Verhältnis aller falschen, aller verlorenen und aller zusätzlich vom Diensterbringer eingefügten Benutzerdaten zu der Gesamtmenge aller für die Übermittlung übergebenen Benutzerdaten.

Durchsatz (throughput)
Dieser ist - etwas vereinfacht dargestellt - die Anzahl der je Zeiteinheit erfolgreich übermittelten Oktaden. Er ist getrennt definiert für beide Übermittlungsrichtungen.

Übermittlungszeit (transit delay)
Die Zeit, die benötigt wird von einem 'request'-Dienstelement bis zu dem entsprechenden erfolgreichen 'indication'-Dienstelement. Diese Übermittlungszeit ist wieder getrennt definiert für beide Übermittlungsrichtungen.

Optimierte Übermittlung (optimized dialogue transfer)
Gewisse 'request'-Dienstelemente können verkettet übertragen werden.

Erweiterte Kontrolle (extended control)
Wenn bei der normalen Datenübermittlung eine Stauung eingetreten ist, kann eine 5-Instanz die Dienste Resynchronisation, Abbruch, Aktivitäten-Unterbrechung oder Aktivitäten-Abbruch mit Hilfe der PREPARE-Protokolldateneinheit über vorrangige Datenübermittlung vorankündigen (s. 7.5.4).

7.4 Die Dienste der Schicht 5

7.4.1 Dienstelemente

In der Tabelle 7.6 sind alle →**Dienste der Kommunikationssteuerungs-schicht** mit ihren zugehörigen Dienstelementen zusammengestellt. Diese Dienste lassen sich auch nach den folgenden Typen klassifizieren (s. auch 1.2):

> bestätigter Dienst
> unbestätigter Dienst
> vom Diensterbringer initiierter Dienst
> explizit/implizit bestätigter Dienst

Dienst	Dienstelemente	Parameter
Verbindungs-aufbau	S-CONNECT.request S-CONNECT.indication S-CONNECT.response S-CONNECT.confirm	Identifizierer f.d. Sitzung, rufende/ gerufene Adresse, Ergebnis,Güteparameter Funktionseinheiten, Anfangs-Folgenr.für Synch-Punkte,Erst-zuordnung von Berech-tigungsmarken,Daten (max.512 Okt.)
Verbindungs-abbau normal	S-RELEASE.request S-RELEASE.indication S-RELEASE.response S-RELEASE.confirm	Ergebnis, Daten (max.512 Okt)
abnormal-Benutzer	S-U-ABORT.request S-U-ABORT.indication	Daten (max. 9 Okt.)
abnormal-Diensterbringer	S-P-ABORT.indication	Grund
Datenphase normale Daten	S-DATA.request S-DATA.indication	Daten (nicht begr. Anzahl Oktaden)
Vorrangdaten	S-EXPEDITED-DATA.request S-EXPEDITED-DATA.indication	Daten (max. 14 Okt.)
Typendaten	S-TYPED-DATA.request S-TYPED-DATA.indication	Daten (nicht begr. Anzahl Oktaden)
Eigenschafts-daten	S-CAPABILITY-DATA.request S-CAPABILITY-DATA.indication S-CAPABILITY-DATA.response S-CAPABILITY-DATA.confirm	Daten (max. 512 Okt.)
Anfordern Be-rechtigungs-marken	S-TOKEN-PLEASE.request S-TOKEN-PLEASE.indication	Berechtigungsmarken, Daten (max. 512 Okt.)

Übergabe Be- rechtigungs- marken	S-TOKEN-GIVE.request S-TOKEN-GIVE.indication	-
Übergabe Kontrolle	S-CONTROL-GIVE.request S-CONTROL-GIVE.indication	-
Neben- synchronisation	S-SYNC-MINOR.request S-SYNC-MINOR.indication S-SYNC-MINOR.response S-SYNC-MINOR.confirm	explizite/optionale Bestätigung Folgenr.Synch.Punkt, Daten (max. 512 Okt.)
Haupt- synchronisation	S-SYNC-MAJOR.request S-SYNC-MAJOR.indication S-SYNC-MAJOR.response S-SYNC-MAJOR.confirm	Folgenr.Synch.Punkt, Daten (max. 512 Okt.)
Re- synchronisation	S-RESYNCHRONIZE.request S-RESYNCHRONIZE.indication S-RESYNCHRONIZE.response S-RESYNCHRONIZE.confirm	Typ, Folgenr.Synch.Punkt, Berechtigungsmarken, Daten (max. 512 Okt.)
Ausnahmemeldung Benutzer	S-U-EXCEPTION-REPORT.request S-U-EXCEPTION-REPORT.indication	Grund, Daten (max. 512 Okt.)
Ausnahmemeldung Diensterbringer	S-P-EXCEPTION-REPORT.indication	Grund, Daten (max. 512 Okt.)
Starten Aktivität	S-ACTIVITY-START.request S-ACTIVITY-START.indication	Identifizierer f.d. Aktivität, Daten (max. 512 Okt.)
Fortsetzen Aktivität	S-ACTIVITY-RESUME.request S-ACTIVITY-RESUME.indication	Neuer/alter Identi- fizierer f.d.Akt., Folgenr.Synch.Punkt, alte Sitzungsident., Daten (max. 512 Okt.)
Unterbrechen Aktivität	S-ACTIVITY-INTERRUPT.request S-ACTIVITY-INTERRUPT.indication S-ACTIVITY-INTERRUPT.response S-ACTIVITY-INTERRUPT.confirm	Grund
Abbruch Aktivität	S-ACTIVITY-DISCARD.request S-ACTIVITY-DISCARD.indication S-ACTIVITY-DISCARD.response S-ACTIVITY-DISCARD.confirm	Grund
Beenden Aktivität	S-ACTIVITY-END.request S-ACTIVITY-END.indication S-ACTIVITY-END.response S-ACTIVITY-END.confirm	Folgenr.Synch.Punkt, Daten (max. 512 Okt.)

Tabelle 7.6: Dienstelemente der Schicht 5

7.4.2 Beschreibung der Dienste

Ein Dienst darf nur initiiert werden, wenn die entsprechende Funktionseinheit bei Sitzungseröffnung vereinbart wurde. Alle 'request'- und 'response'-Dienstelemente werden vom Diensterbringer auch in der Reihenfolge beim Partner abgeliefert, in der sie übergeben wurden. Eine Ausnahme können die Dienste

             S-EXPEDITED-DATA
             S-RESYNCHRONIZE
             S-ACTIVITY-INTERRUPT
             S-ACTIVITY-DISCARD
             S-U-ABORT

bilden (s. 7.5.3). Sofern T-EXPEDITED-DATA verfügbar ist, können sie früher am Ziel ausgeliefert werden, als zu einem früheren Zeitpunkt übergebene Dienstelemente; sie werden aber nicht später ausgeliefert als zu einem späteren Zeitpunkt übergebene Elemente.

S-CONNECT   Aufbau einer Sitzung
Versuchen beide Partner gleichzeitig, eine Sitzung aufzubauen, so entstehen im allgemeinen zwei voneinander unabhängige Sitzungen als Ergebnis. Die Ablehnung eines Verbindungsaufbauwunsches kann durch den Diensterbringer oder den gerufenen Teilnehmer erfolgen; hierfür wird das Dienstelement S-CONNECT.response bzw. S-CONNECT.confirm mit dem entsprechend gesetzten Ergebnisparameter verwendet.

S-RELEASE   Normales Beenden einer Sitzung
Um eine Verbindung auslösen zu können, muß ein Teilnehmer alle für diese Sitzung definierten Berechtgungsmarken besitzen. Mit dem Ergebnisparameter kann die Verbindungsauflösung in S-RELEASE.response positiv oder negativ bestätigt werden. Der letztere Fall ist nur zugelassen, wenn die 'release'-Berechtigungsmarke verfügbar und dem auflösenden Benutzer zugeordnet ist. Ein Datenverlust tritt nicht auf.

S-U-ABORT   Abbruch der Verbindung durch einen Benutzer
Jeder der Benutzer kann hiermit eine Verbindung unmittelbar beenden. Es tritt i.a. Datenverlust auf.

S-P-ABORT   Abbruch der Verbindung durch den Diensterbringer
Als Grund für den Abbruch kann ein T-DISCONNECT, ein Protokollfehler oder ein sonstiger Grund angegeben werden.

S-DATA   Normale Datenübermittlung
Beide Teilnehmer können Daten senden; bei ausgewählter Funktionseinheit 'half-duplex' regelt die Daten-Berechtigungsmarke das Senderecht.

S-EXPEDITED-DATA Vorrang-Datenübermittlung
Diese Datenübermittlung ist unabhängig von Berechtigungsmarken und Flußregelung. Der Diensterbringer

stellt sicher, daß eine Dateneinheit dieses Dienstes nicht später ausgeliefert wird als zeitlich später übergebene Benutzerdaten; eine solche Dienstdateneinheit kann also andere Dienstdateneinheiten überholen.

S-TYPED-DATA   Übermittlung von Typendaten
Typendaten werden wie normale Daten behandelt. Allerdings gibt es für sie auch bei 'half-duplex'-Übermittlung keine Einschränkung durch eine Berechtigungsmarke.

S-CAPABILITY-DATA   Übermittlung von Eigenschaftsdaten
Die Funktionseinheit 'capability data' setzt 'activity management' voraus. Mit diesem bestätigten Dienst kann der Benutzer, der die 'major/activity'-Berechtigungsmarke besitzt, Daten senden, wenn gerade keine Aktivität definiert ist.

S-TOKEN-PLEASE   Anfordern von Berechtigungsmarken
Berechtigungsmarken können beim Partner gemäß den in 7.2.3 dargelegten Regeln angefordert werden. Die gewünschten Marken werden in den Parametern benannt.

S-TOKEN-GIVE   Übergabe Berechtigungsmarken
Gemäß den genannten Bedingungen werden Berechtigungsmarken an den Partner übergeben.

S-CONTROL-GIVE   Übergabe Kontrolle
Bei vereinbarter Funktionseinheit 'activity management' wird hiermit die Menge aller in dieser Sitzung verfügbaren Berechtigungsmarken an den Partner übergeben. Dieser Dienst darf aber nur angewendet werden, wenn gerade keine Aktivität definiert ist.

S-SYNC-MINOR   Nebensynchronisation
Definiert einen Nebensynchronisationspunkt. Über den entsprechenden Parameter kann eine explizite Bestätigung für einen gesetzten Synchronisationspunkt gefordert werden; diese wird aber nicht vom Diensterbringer überwacht. Vor Eintreffen der Bestätigung dürfen auch weitere Synchronisationspunkte gesetzt werden; hierfür gibt es keine Begrenzung durch den Diensterbringer. Die Bestätigung eines Synchronisationspunktes kann erfolgen durch das entsprechende Dienstelement S-SYNC-MINOR.confirm, durch die Bestätigung eines Synchronisationspunktes mit höherer Folgenummer oder durch das eigene Setzen eines Synchronisationspunktes mit höherer Folgenummer. Ist die 'activity management'-Funktionseinheit vereinbart, so dürfen Synchronisationspunkte nur innerhalb von Aktivitäten definiert werden.

Die Bedeutung und die Handhabung von Synchronisationspunkten liegt ganz bei der Anwendung.

S-SYNC-MAJOR   Hauptsynchronisation
Definiert einen Hauptsynchronisationspunkt. Er muß explizit bestätigt werden. Vor Eintreffen dieser Bestätigung darf der diesen Synchronisationspunkt initiierende Partner keinen weiteren Dienst initiieren, mit Ausnahme von S-TOKEN-GIVE, S-ACTIVITY-INTERRUPT, S-ACTIVITY-DISCARD, S-U-ABORT und S-RESYNCHRONIZE.

S-RESYNCHRONIZE Resynchronisation
Die beiden Partner können ihre Kommunikation hiermit wieder neu aufsetzen, z.B. im Fehlerfall, bei mangelnder Übereinstimmung, bei ausbleibenden Antworten. Dieser Dienst kann von beiden Partnern initiiert werden; er ist explizit zu bestätigen, bevor der Dialog fortgesetzt werden kann. Der Empfänger eines S-RESYNCHRONIZE.indication muß antworten oder aber darf seinerseits vorher nur S-RESYNCHRONIZE, S-ACTIVITY-DISCARD, S-ACTIVITY-INTERRUPT, S-U-ABORT selbst initiieren. Im Fall der Resynchronisation gehen alle noch nicht ausgelieferten Datensendungen verloren; noch nicht bestätigte Hauptsynchronisationspunkte werden nicht mehr bestätigt.

Der Typ-Parameter gibt die ausgewählte Option an (7.2.5); im Parameter für die Berechtigungsmarken wird die Neuzuordnung der 'tokens' beschrieben (Zuordnung zum Initiator, zum Empfänger oder nach Wahl des Empfängers).

S-U-EXCEPTION-REPORT Ausnahmemeldung - Benutzer
Ein Benutzer kann hiermit Fehlerbedingungen melden. Der Empfänger solch einer Fehlermeldung darf darauf nur mit S-RESYNCHRONIZE, S-U-ABORT, S-ACTIVITY-INTERRUPT, S-ACTIVITY-DISCARD oder S-TOKEN-GIVE für die Datenberechtigungsmarke reagieren.

Als Grund kann angegeben werden: Datenfehler, lokaler Programmfehler, Reihenfolge-Fehler, Datenmarke erwünscht, Protokollfehler, sonstiger Fehler.

S-P-EXCEPTION-REPORT Ausnahmemeldung - Diensterbringer
Hiermit kann der Diensterbringer Fehlersituationen an beide Benutzer melden. Die beiden Benutzer dürfen darauf nur mit S-RESYNCHRONIZE, S-U-ABORT, S-ACTIVITY-INTERRUPT, S-ACTIVITY-DISCARD oder S-TOKEN-GIVE für die Daten-Berechtigungsmarke reagieren.
Als Grund für die Fehlermeldung kann Protokollfehler oder ein sonstiger Grund angegeben werden.

S-ACTIVITY-START Starten Aktivität
Für das Starten einer Aktivität darf momentan keine Aktivität definiert sein.

S-ACTIVITY-RESUME Fortsetzen Aktivität
Eine früher unterbrochene Aktivität wird wieder aufgenommen; sie wird durch die alte Identifikation zusammen mit der letzten Synchronisationspunkt-Folgenummer benannt. Lag die unterbrochene Aktivität in einer anderen Sitzung, muß auch deren Identifikation angegeben werden. Alle diese Angaben sind für den Diensterbringer transparent.

S-ACTIVITY-INTERRUPT Unterbrechen Aktivität
Eine Aktivität wird unterbrochen, um sie später wieder fortsetzen zu können. Hierbei kann Verlust von noch nicht ausgelieferten Daten erfolgen. Nach einer solchen Unterbrechung sind alle verfügbaren Berechtigungsmarken dem Initiator dieses Dienstes zugeordnet.

Als Grund kann dem Partner übermittelt werden, daß ein Datenfehler, ein lokaler Fehler, Folgefehler, Verlangen nach der Daten-Berechtigungsmarke, Prozedurfehler oder ein sonstiger Fehler vorliegt.

S-ACTIVITY-DISCARD Abbruch Aktivität
Eine Aktivität wird abgebrochen; die Gründe entsprechen denen bei der Unterbrechung. Auch hier kann Datenverlust auftreten. Die implizite Bedeutung ist, daß die Aktivität endgültig abgebrochen werden soll; allerdings wird dies nicht protokollmäßig vom Diensterbringer überwacht.

S-ACTIVITY-END Beenden Aktivität
Eine Aktivität wird normal beendet und damit gleichzeitig ein Hauptsynchronisationspunkt definiert.

7.5 Das Protokoll der Schicht 5

7.5.1 Übersicht

Die Funktionalität der Kommunikationssteuerungsschicht wird von den
Instanzen dieser Schicht und ihrer Kommunikation miteinander erbracht.
Die Interaktionen zwischen Dienstbenutzer und Diensterbringer mit
Hilfe von Dienstelementen werden auf Interaktionen zwischen den
Schicht5-Instanzen abgebildet und diese wiederum auf Interaktionen
dieser Instanzen mit dem Transportdiensterbringer mit Hilfe von
Transportdienstelementen (Abb. 7.7).

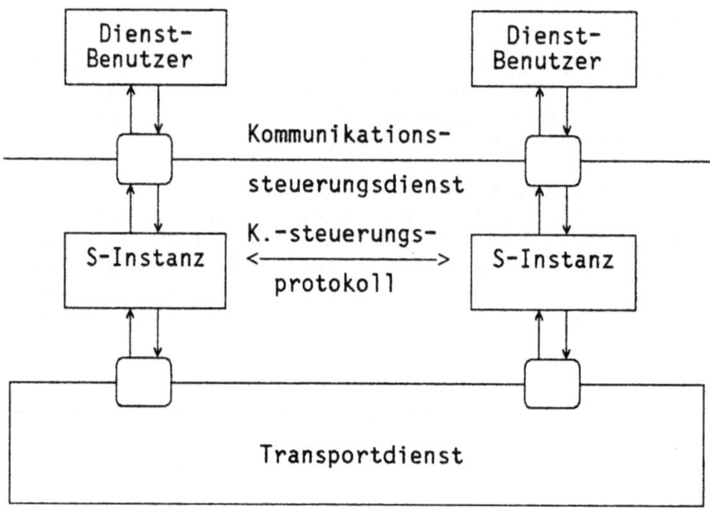

Abb. 7.7: Protokoll der Schicht 5

Es soll hier nochmals betont werden, daß vom Transportdienst ein
sicherer Datentransport mit allen notwendigen Maßnahmen der Fehlererkennung und -behebung erwartet wird. Von diesen Aufgaben sind damit
die Instanzen der Schicht 5 entlastet. Weiterhin ist es, wie bereits
in 7.1 geschildert, Aufgabe der Anwendung selbst, die Maßnahmen zur
Synchronisation und Resynchronisation mit den angegebenen Sprach-
mitteln durchzuführen. Dies bedeutet, daß im wesentlichen eine genaue
Entsprechung zwischen den Dienstelementen des 6/5-Schnittes und den
5-Protokolldateneinheiten existiert und daß es Aufgabe der 5-Instanzen
ist, die Dienstdateneinheiten gemäß den in 7.4 geschilderten Bedingungen zu transportieren. Die Schicht 5 übernimmt nicht Aufgaben
wie z.B. Multiplexen, Überwachen eines Fenstermechanismus, Zwischenspeichern von Daten für wiederholtes Senden. Die Protokollbeschreibung
ist daher der Dienstbeschreibung sehr ähnlich.

Dienst	Protokolldateneinheit	Code

S-CONNECT.request
         .response(positiv)
         .response(negativ)
	CONNECT
	ACCEPT
	REFUSE
		CN
		AC
		RF

S-RELEASE.request
         .response(positiv)
         .response(negativ)
	FINISH
	DISCONNECT
	NOT FINISHED
		FN
		DN
		NF

S-U-ABORT	ABORT	AB
S-P-ABORT	ABORT	AB
S-DATA	DATA TRANSFER	DT
S-EXPEDITED-DATA	EXPEDITED DATA	EX
S-TYPED-DATA	TYPED DATA	TD
S-CAPABILITY-DATA	CAPABILITY DATA CAPABILITY DATA ACK	CD CDA
S-TOKEN-PLEASE	PLEASE TOKENS	PT
S-TOKEN-GIVE	GIVE TOKENS	GT
S-CONTROL-GIVE	GIVE TOKENS CONFIRM	GTC
S-SYNC-MINOR	MINOR SYNC POINT MINOR SYNC ACK	MIP MIA
S-SYNC-MAJOR	MAJOR SYNC POINT MAJOR SYNC ACK	MAP MAA
S-RESYNCHRONIZE	RESYNCHRONIZE RESYNCHRONIZE ACK	RS RA
S-U-EXCEPTION-REPORT	EXCEPTION DATA	ED
S-P-EXCEPTION-REPORT	EXCEPTION REPORT	ER
S-ACTIVITY-START	ACTIVITY START	AS
S-ACTIVITY-RESUME	ACTIVITY RESUME	AR
S-ACTIVITY-INTERRUPT	ACTIVITY INTERRUPT ACTIVITY INTERRUPT ACK	AI AIA
S-ACTIVITY-DISCARD	ACTIVITY DISCARD ACTIVITY DISCARD ACK	AD ADA
S-ACTIVITY-END	ACTIVITY END ACTIVITY END ACK	AE AEA

Tab. 7.8: Dienstelemente und Protokolldateneinheiten

7.5.2 Protokolldateneinheiten

In der Tabelle 7.8 ist die Abbildung der 6/5-Dienstelemente auf die 5-Protokolldateneinheiten zusammengestellt. Dabei gibt die zweite Spalte jeweils die Protokolldateneinheit zum Transport der request/indication-Dienstelemente an und als zweiten Eintrag, sofern vorhanden, diejenige für die response/confirm-Dienstelemente.

Weitere Protokolldateneinheiten, die nicht unmittelbar das Abbild von Dienstelementen sind, enthält die Tabelle 7.9 zusammen mit den Funktionseinheiten, in denen sie benutzt werden.

Protokolldateneinheit	Code	Funktionseinheit
ABORT ACCEPT	AA	kernel
PREPARE	PR	major synchronize, resynchronize, activity management
GIVE TOKENS ACK	GTA	activity management

Tab. 7.9: Weitere Protokolldateneinheiten

7.5.3 Abbildung auf den Transportdienst

Beim Aufbau einer Sitzung wird diese einer existierenden Teilnehmerverbindung zugeordnet oder es wird über den T-CONNECT-Dienst eine neue Teilnehmerverbindung angefordert. In beiden Fällen wird anschließend die CONNECT-Protokolldateneinheit über den T-DATA-Dienst transportiert (s. auch Abb. 7.10). Die Entscheidung hängt davon ab, ob eine wiederverwendbare Teilnehmerverbindung existiert und welche Güteanforderungen die Anwendung stellt.

Allgemein darf nur die Instanz eine CONNECT-Protokolldateneinheit senden, welche die Teilnehmerverbindung initialisiert hat. Dies gilt auch für die erneute Verwendung einer Teilnehmerverbindung.

Beim Sitzungsaufbau wird auch der T-EXPEDITED-DATA-Dienst verlangt, sofern vom Anwender die 'expedited-data'-Funktionseinheit oder die erweiterte Kontrolle als Gütemerkmal angegeben ist.

Beim Beenden oder Abbruch einer Sitzung kann die Erhaltung der zugrundeliegenden Teilnehmerverbindung von den 5-Instanzen vereinbart werden (s. auch 7.5.4).

Die Protokolldateneinheiten der Schicht 5 werden mit Hilfe des T-DATA-Dienstes transportiert. Ausnahmen hiervon sind:

- T-EXPEDITED-DATA verfügbar: ABORT, ABORT ACCEPT, EXPEDITED DATA und
  PREPARE werden über die Vorrangdatenübermittlung der Transportschicht geschickt

- T-EXPEDITED-DATA nicht verfügbar: Die Protokolldateneinheiten
  EXPEDITED DATA und PREPARE werden nicht übermittelt.

Dateneinheiten des Kommunikationssteuerungsdienstes können auf mehrere
5-Protokolldateneinheiten segmentiert werden. 5-Protokolldatenein-
heiten können wiederum zu mehreren zusammen in den Transportdienst-
dateneinheiten verkettet werden. Dazu gibt /ISO 8327/ genaue Bedingungen an, die hier nicht im einzelnen wiedergegeben werden sollen.

Mechanismen zur Flußregelung sind in der Schicht 5 nicht definiert.
Für den Fall der Überflutung eines Benutzers mit Daten muß über
lokale Signale ein Rückstau auf der Teilnehmerverbindung unter Benutzung der Flußregelung der Transportschicht erreicht werden.

7.5.4 Beschreibung der Protokolldateneinheiten

Im folgenden werden zu den Protokollfunktionen noch einige Erläuterungen gegeben, soweit sie über die Beschreibung der Dienste und die
Zuordnung der Dienstelemente zu den Protokolldateneinheiten hinaus-
gehen.

Verbindungsaufbau

Mit den Protokolldateneinheiten CONNECT, ACCEPT wird die Kommunika-
tionsstrecke zwischen den beiden Benutzern hergestellt, bzw. mit
REFUSE die Ablehnung übermittelt. Die hierbei vereinbarte Menge von
Funktionseinheiten ist der Durchschnitt der beiden Mengen, die vom
rufenden bzw. dem gerufenen Benutzer angegeben werden. Sind in CONNECT
sowohl 'duplex' als auch 'half-duplex' angegeben, so muß die Partnerinstanz in der ACCEPT-Protokolldateneinheit die Entscheidung fällen;
ist in CONNECT nur eine dieser beiden Funktionseinheiten angegeben, so
darf ACCEPT nur die gleiche Angabe enthalten.

Die Ablehnung eines Verbindungsaufbauwunsches (S-CONNECT.response
(negativ)) wird mit der REFUSE-Protokolldateneinheit weitergeleitet.
Verlangt dabei die gerufene Instanz die Aufrechterhaltung (reuse) der
unterlagerten Teilnehmerverbindung, so wartet sie anschließend auf den
Empfang einer CONNECT-Protokolldateneinheit. Verlangt die gerufene
Instanz kein 'reuse', so wartet sie auf ein T-DISCONNECT.indication;
trifft dieses nicht ein, wird nach Ablauf einer gestarteten Zeitüberwachung von der gerufenen Instanz selbst ein T-DISCONNECT.request
gegeben. Analog wird die rufende Instanz ihrerseits auf ein
S-CONNECT.request ihres lokalen Benutzers warten oder aber ein
T-DISCONNECT.request senden, wenn die Teilnehmerverbindung nicht
bestehen bleiben soll.

Verbindungsabbau

Der normale Abbau einer Sitzung geschieht ohne Datenverlust in
richtiger zeitlicher Folge mit allen Daten. Die FINISH-Protokoll-
dateneinheit darf dabei nur von der Seite gesendet werden, die gerade

im Besitz aller definierten Berechtigungsmarken ist. Die Instanz, welche FINISH sendet, kann ihrerseits die Aufrechterhaltung der unterlagerten Teilnehmerverbindung veranlassen, um anzuzeigen, daß ein erneutes S-CONNECT.request bzw. CONNECT folgen soll. Dies wird auch wieder vom Partner zeitüberwacht.

Beim Verbindungsabbau durch ABORT kann im Gegensatz zum normalen Verbindungsabbau Datenverlust auftreten. Auch hier kann die Aufrechterhaltung der Teilnehmerverbindung vereinbart werden. Die Protokolldateneinheit ABORT ACCEPT muß als Bestätigung für ein eingehendes ABORT gesendet werden, wenn die Aufrechterhaltung der Teilnehmerverbindung vereinbart wurde; im anderen Fall kann sie gesendet werden (dies ist dann eine lokale Entscheidung).

GIVE TOKENS ACK
Das Dienstelement S-CONTROL-GIVE.request wird auf die Protokolldateneinheit GIVE TOKENS CONFIRM abgebildet. Die empfangende Instanz gibt daraufhin ein S-CONTROL-GIVE.indication weiter und sendet sofort anschließend selbst eine Bestätigung GIVE TOKENS ACK zurück. Erst dann gilt die Übergabe der Berechtigungsmarken als vollzogen.

PREPARE
Diese Protokolldateneinheit wird nur benutzt, wenn der Vorrang-Datentransport für die Teilnehmerverbindung verfügbar ist. Dann wird sie unter Verwendung dieser vorrangigen Datenübermittlung zur Vorankündigung von Protokolldateneinheiten benutzt, die mit Hilfe des normalen T-DATA-Dienstes übermittelt werden. Solchermaßen auf einem 'Expreßpfad' angekündigte Protokolldateneinheiten sind

        RESYNCHRONIZE
        RESYNCHRONIZE ACK
        MAJOR SYNC ACK
        ACTIVITY INTERRUPT
        ACTIVITY INTERRUPT ACK
        ACTIVITY DISCARD
        ACTIVITY DISCARD ACK
        ACTIVITY END ACK

Dies hat die folgende Bedeutung:

-   Für MAJOR SYNC ACK und ACTIVITY END ACK: Das Eintreffen der Protokolldateneinheit PREPARE wird bereits als Bestätigung angesehen. Alle weiteren vor MAJOR SYNC ACK eintreffenden normalen PDEs werden normal behandelt

-   Für alle anderen mit PREPARE vorangekündigten PDEs: Alle weiteren Protokolldateneinheiten, die nach PREPARE und vor der angekündigten PDE eintreffen, werden ignoriert.

In beiden Fällen werden Vorrangdaten, die nach PREPARE ankommen, bis zum Eintreffen der vorangekündigten PDE gepuffert und erst anschließend an den Benutzer übergeben. Dadurch wird eine Synchronisation des Vorrang-Datenkanals erreicht.

7.6 Beispiele zum Protokollablauf

7.6.1 Verbindungsaufbau

In der Abbildung 7.10 ist das Zustandsdiagramm für eine Protokollmaschine, eine Instanz der Schicht 5, für den Verbindungsaufbau
wiedergegeben. Dabei sind allerdings zur Vereinfachung alle Fehlerfälle und die Berücksichtigung des ABORT weggelassen.

Die Ovale in dem Diagramm bezeichnen die Zustände der Protokollmaschine. Die Pfeile stellen Zustandsübergänge dar, wobei die Beschriftungen an den Pfeilen die vom zugehörigen Benutzer oder von der
Partnerinstanz eingehenden Ereignisse sind, die diese Zustandsübergänge auslösen. Die Kästchen enthalten die Aktionen der Protokollmaschine, d.h. die zum Benutzer oder zur Partnerinstanz ausgehenden
Ereignisse.

Erläuterungen zu Abb. 7.10 :

(*)   :   CONNECT trifft ein und der Partner ist nicht Initiator der
            T-Verbindung, sowie jede andere empfangene Protokolldateneinheit

(**) :   Alle eintreffenden Protokolldateneinheiten außer CONNECT

(***) :   Der Zusatz 'erlaubt' bezieht sich darauf, daß nur die Seite
            eine Sitzung eröffnen darf, die auch die Teilnehmerverbindung initiiert hat.

7.6.2 Synchronisation mit BAS

Bei Verwendung der Teilmenge →BAS (→basic activity subset) von
Funktionseinheiten wird die Synchronisation und die Resynchronisation
mit den Diensten der Funktionseinheiten 'minor synchronize' und
'activity management' durchgeführt (s. auch 7.2.5). Die Abbildung 7.11
enthält hierzu ein einfaches Beispiel in der Form eines Zeitablaufdiagramms.

Hier wird vom Benutzer 1 die Aktivität unterbrochen - vielleicht,
weil er längere Zeit keine Bestätigungen für Nebensynchronisationspunkte erhalten hat - und anschließend mit 2 als neuer Folgenummer für
Synchronisationspunkte wieder fortgesetzt. Was diese Resynchronisation
auf die Folgenummer 2 aber zu bedeuten hat, ob z.B. von dort alle
Datensendungen wiederholt werden oder ob der Dialog ganz anders
fortgesetzt wird, ist nicht durch das Protokoll definiert. Dies liegt
ganz in der Verantwortung der Benutzer.

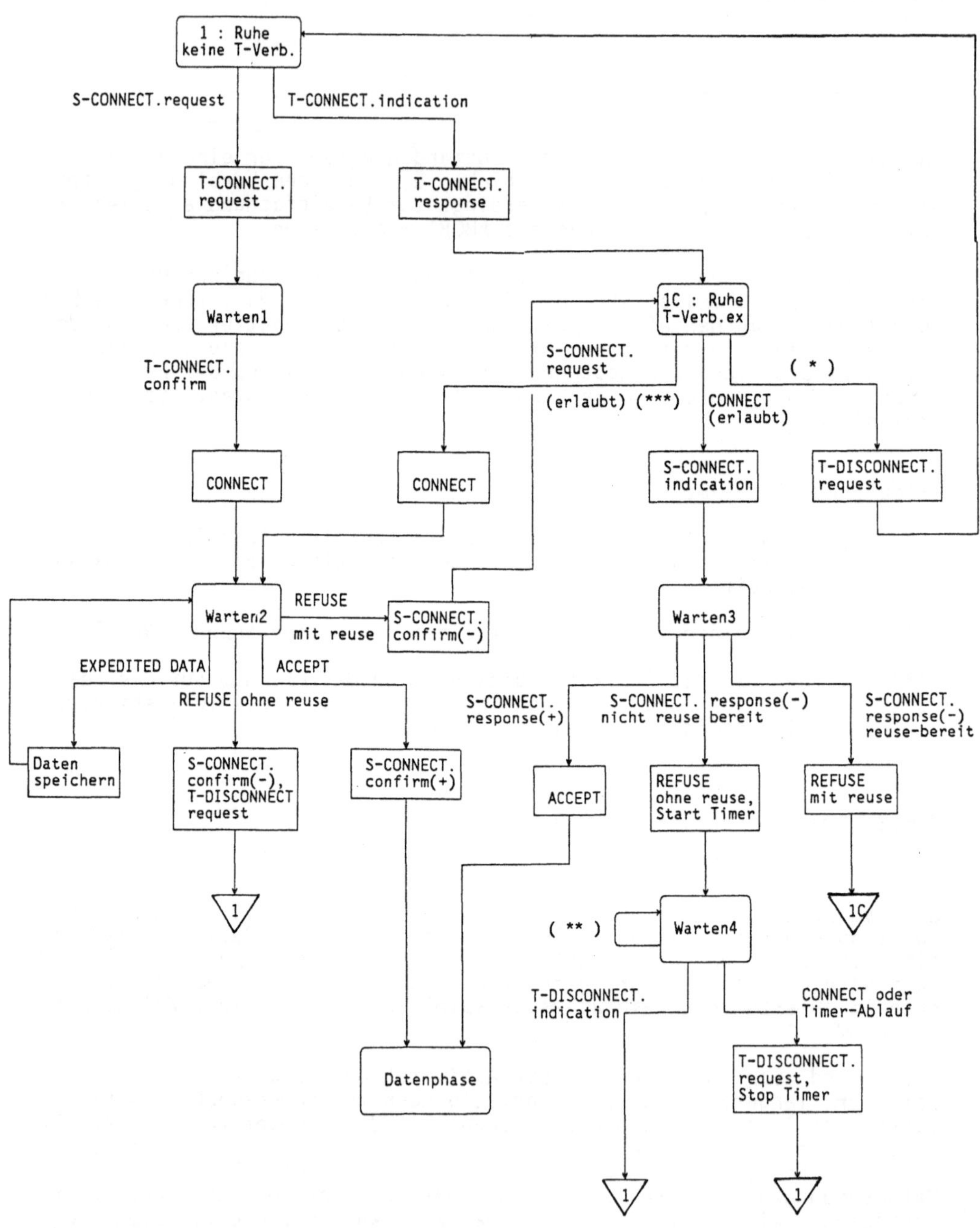

Abb. 7.10:   Protokollablauf der Verbindungsaufbauphase

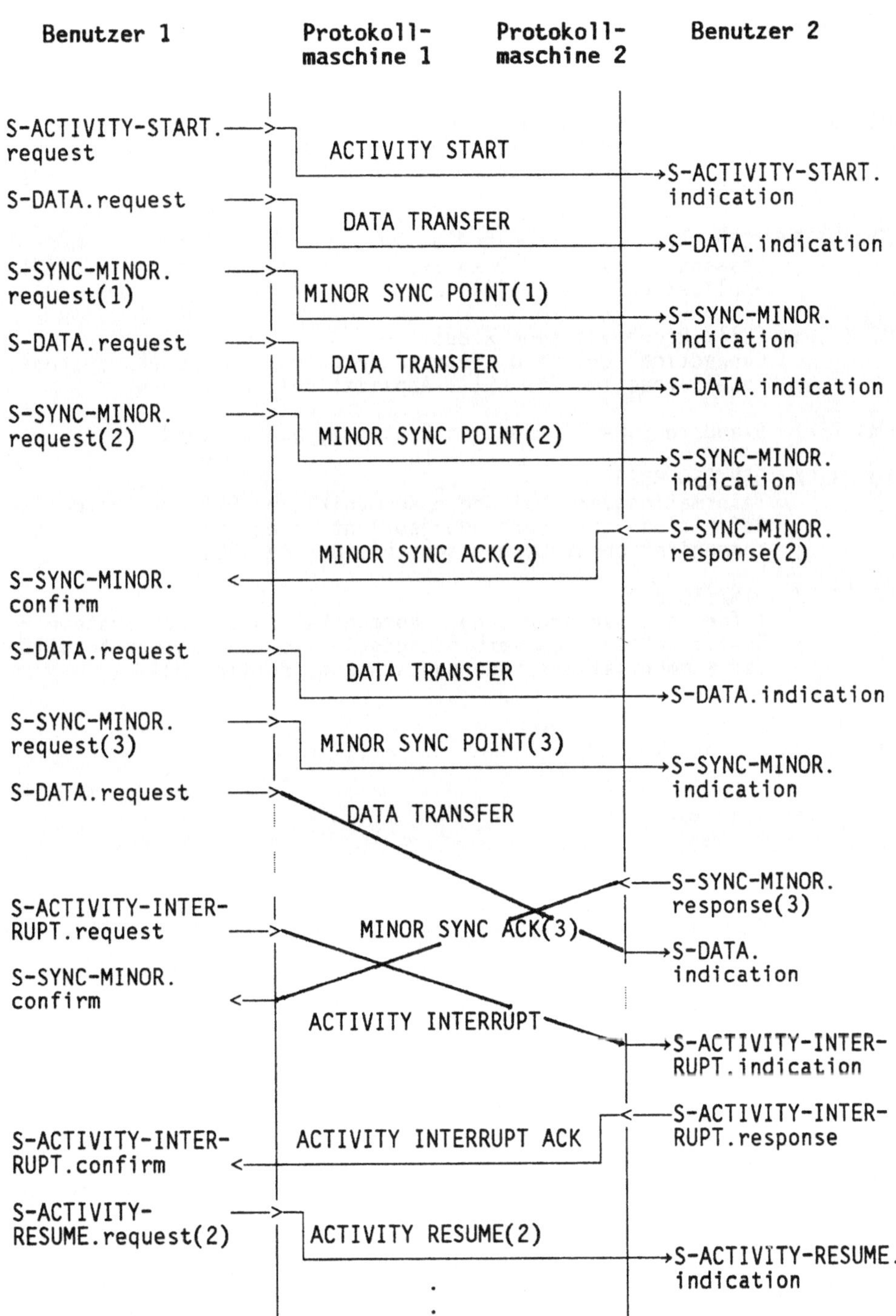

Abb. 7.11: Beispiel zum Synchronisationsprotokoll

7.7 Literatur

/BMI 83/   Einheitliche Höhere Kommunikationsprotokolle, Schichten 5
              und 6, Kommentar mit Nutzungsbeispielen zu Schicht 6,
              Hrsg.: Bundesministerium des Innern, Braunschweig: Vieweg
              1983

/CCI X.215/   CCITT Recommendation X.215
              Session Service of Open Systems Interconnection for CCITT
              Applications, Genf 1984

/CCI X.225/   CCITT Recommendation X.225
              Connection Oriented Session Protocol of Open Systems
              Interconnection for CCITT Applications, Genf 1984

/ECMA-75/   Standard ECMA-75, Session Protocol, Januar 1982

/ISO 8326/   DIN/ISO 8326
              Informationsverarbeitung – Kommunikation Offener Systeme –
              Definition der verbindungsorientierten Basisdienste der
              Kommunikationssteuerungsschicht, Berlin 1984

/ISO 8327/   DIN/ISO 8327
              Informationsverarbeitung – Kommunikation Offener Systeme –
              Spezifikation des verbindungsorientierten Basisprotokolls
              der Kommunikationssteuerungsschicht, Berlin 1984

8 Datenstrukturen für Anwendungen

8.1 Einleitung

Die Funktionalität der Darstellungsschicht, der Schicht 6 in der
ISO-Architektur, liefert Sprachmittel für die Informationsdarstellung
zur Kommunikation zwischen offenen Systemen. Dazu gehört auch die
Transformation in die und aus der lokal benutzten Syntax.

Die Dienste der Schicht 6, die der Anwendung angeboten werden,
bestehen im wesentlichen in der Möglichkeit der Aushandlung einer
abstrakten Syntax und einer konkreten Syntax zur Darstellung der
definierten Datenstrukturen. Diese Syntaxauswahl wird durch das Darstellungsprotokoll unterstützt. Die Transformation zwischen der lokalen Syntax und der konkreten Transfersyntax ist eine lokale Aufgabe
der Darstellungsinstanzen, die keine Auswirkungen auf das Darstellungsprotokoll hat.

Bei der ISO sind verschiedene Entwürfe in Arbeit, die vorerst noch den
Status von 'draft proposals' haben und damit noch nicht ganz stabil
sind (/ISO 8822/ bis /ISO 8825/).

Auch von der ECMA wurden Standards für diesen Bereich vorgelegt
(/ECMA-84/, /ECMA-86/). Unter der Federführung des Bundesinnen-
ministers wurde ein nationaler Vorschlag /EHKP-6/ speziell für die
Anwendung im Bildschirmtext-Rechnerverbund erarbeitet.

Im folgenden wird der Stand der ISO-Normenentwürfe geschildert. Diese
stellen erst einen Anfang der Standardisierungen für die Schicht 6
dar. Darstellungsnormen für spezielle Anwendungsklassen - z.B. den
Grafik-Bereich - werden noch folgen müssen.

Der Anwendungsbereich der Dokumentenkommunikation hat zur Zeit international eine große Bedeutung. Es wird daher in diesem Kapitel
abschließend noch der Stand der Arbeiten zur Dokumentenarchitektur
beschrieben.

8.2 Dienste und Protokoll der Darstellungsschicht

8.2.1 Überblick

Die Funktionalität der Darstellungsschicht betrifft die Darstellung
und Codierung der Informationen, die zwischen offenen Systemen ausgetauscht werden. In einem Anwendungsprotokoll werden zwischen kommunizierenden Anwendungsinstanzen Anwendungs-Protokolldateneinheiten
übermittelt. Die Menge aller Datentypdefinitionen für Anwendungs-
Protokolldateneinheiten, die in solch einem Anwendungsprotokoll benutzt werden, bilden eine →**abstrakte Syntax** (abstrakte Transfersyntax). Diese ist wohl zu unterscheiden von der von den Darstellungsinstanzen benutzten Technik, Exemplare der Datentypen konkret darzu-
stellen, zu codieren.

Kommunizierende Anwendungsinstanzen haben sich zunächst über die zu
verwendende abstrakte Transfersyntax zu einigen. Dabei kann natürlich
im Verlauf der Kommunikationsbeziehung mit gegenseitigem Einverständ-
nis die vereinbarte Syntax auch gewechselt werden.

Die Aufgabe der Darstellungsschicht ist es nun, die Dateneinheiten der
Anwendungsinstanzen unter Erhaltung ihres Informationsgehaltes zu
übertragen. Das bedeutet, die Darstellungsinstanzen müssen informiert
sein über die ausgewählte abstrakte Syntax. Mit diesem Wissen sind sie
in der Lage, untereinander eine →**konkrete Syntax** (konkrete Transfersyntax) zur Darstellung, zur Codierung der Anwendungsprotokoll-
Dateneinheiten zu vereinbaren.

An der Auswahl der abstrakten Transfersyntax durch die Anwendungsinstanzen sind die Darstellungsinstanzen nicht beteiligt.

Die Funktionen der Darstellungsschicht umfassen daher (s. Abb. 8.1):

-   Vereinbarung einer konkreten Transfersyntax durch das
    Darstellungsprotokoll

-   Transformation zwischen lokaler Syntax und der konkreten
    Transfersyntax

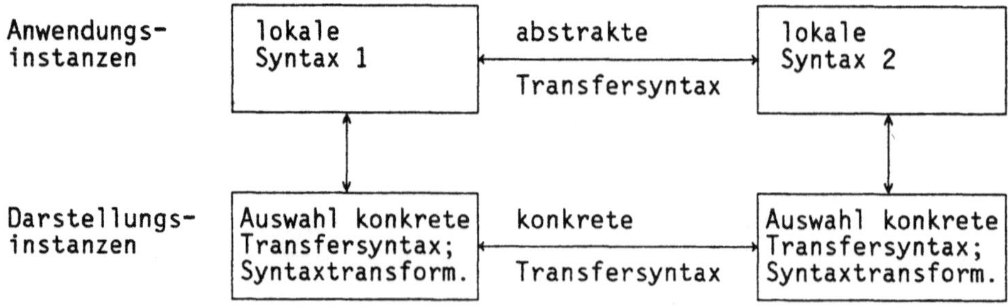

Abb. 8.1: Funktionalität der Darstellungsschicht

Das Ergebnis der Vereinbarungen sowohl zwischen den Anwendungsinstanzen als auch anschließend zwischen den Darstellungsinstanzen ist
eine ausgewählte abstrakte Transfersyntax und eine ihr zugeordnete
konkrete Transfersyntax. Eine solche Zuordnung wird →**Darstellungs-
Kontext** (→presentation context) genannt. Die Dienste der Darstellungsschicht ermöglichen somit die Vereinbarung eines oder mehrerer
Darstellungs-Kontexte und zwar sowohl bei Aufbau der Darstellungsverbindung als auch durch spezielle Dienste für die Kontext-Definition.

Vereinbarung einer abstrakten Transfersyntax durch die Anwendungsinstanzen bedeutet nicht, daß in einer geeigneten Metasprache Datentypdefinitionen ausgetauscht werden. Eine abstrakte Transfersyntax
wird durch ihren Namen identifiziert, der z.B. gleich der Referenznummer eines entsprechenden ISO-Dokumentes, eines CCITT-Dokumentes
oder ein privat vereinbarter Name ist. Dieser Name muß also den
Anwendungs- und den Darstellungsinstanzen bekannt sein.

Für eine Kommunikationsbeziehung kann eine Menge von Darstellungs-
Kontexten definiert sein (CONNECT- oder DEFINE-Dienst), aus welcher
die Teilmenge der aktuell benutzten Kontexte (→**aktive Kontext-Menge**,
active context set) explizit ausgewählt wird (ebenfalls CONNECT- oder
aber SELECT-Dienst). Konzeptionell muß dann für alle Darstellungs-
Dienstdateneinheiten beim Austausch zwischen dem Darstellungs-Dienst-
erbringer und dem Dienstbenutzer angegeben werden, zu welchem Kontext
der aktiven Kontextmenge sie gehören und welches syntaktische Element
in diesem Kontext sie repräsentieren.

Es gibt einen Kontext, den ' →**default context**', der immer definiert
ist und benutzt wird, wenn die aktive Kontext-Menge leer ist. Hierzu
gehört keine formal definierte abstrakte Syntax. Die konkrete Syntax
hierfür liefert nur eine unstrukturierte Folge von Oktaden. Dieser
'default context' wird außerdem immer für die Benutzerdaten der
Dienste P-CONNECT, P-U-ABORT und P-EXPEDITED-DATA verwendet. Es soll
außerdem betont werden, daß für Anwendungen (z.B. Mail, RJE) der
Darstellungs-Kontext auch implizit definiert sein kann, ohne daß es
einer Vereinbarung durch den Protokollablauf bedarf.

8.2.2 Dienste der Darstellungsschicht

Das ISO-Referenzmodell legt auch für die Funktionen der Kommunikationssteuerung, der Datendarstellung und der Anwendung eine hierarchi-
sche Struktur in Funktionsschichten zugrunde. Da die Durchführung der
Kommunikationssteuerung, d.h. die Benutzung der Dienste der Schicht 5,
im wesentlichen Aufgabe der Anwendung ist, muß damit die Darstellungsschicht die Dienste der Schicht 5 größtenteils lediglich nach oben zur
Anwendung hin durchreichen. Somit gibt es eine Gruppe von Darstel-
lungsdiensten, die durch die Funktionalität der Darstellungsschicht
gegeben ist (Tabelle 8.2) und eine weitere, die Dienste der Kommunikationssteuerungsschicht ausschließlich nach oben weitergibt (Tab. 8.3).

In den Tabellen 8.2 und 8.3 sind die Darstellungsdienste zusammengefaßt und im folgenden teilweise kurz beschrieben. Dabei ist nicht
berücksichtigt, daß die Parameter für die '.request/.indication'- und
die '.response/confirm'-Dienstelemente teilweise unterschiedlich sind.

Dienst	Typ	Parameter (Auszug)
P-CONNECT	bestätigt	rufende/gerufene Adresse, mehrfach aktive Kontexte, Kontext-Referenz, Kontext-Liste (abstr. Syntaxen), Protokollname, Gütemerkmale, Dienstanforderungen, Anfangs-Folgenr.f.Synch-Punkte, Erstzuordnung Token, Verbindungsidentifikation(Schicht5) Benutzerdaten, Ergebnis
P-RELEASE	bestätigt	Benutzerdaten, Ergebnis
P-U-ABORT	unbestätigt	Grund
P-P-ABORT	Diensterbringer initiiert	Grund
P-DEFINE-CONTEXT	bestätigt	Kontext-Identifikation, abstrakte Syntax, Benutzerdaten, Ergebnis
P-SELECT-CONTEXT	bestätigt	Kontext-Änderungsliste, Benutzerdaten, Ergebnis
P-DELETE-CONTEXT	bestätigt	Kontext-Name, Ergebnis
P-TYPED-DATA	unbestätigt	Daten
P-DATA	unbestätigt	Daten
P-RESYNCHRONIZE	bestätigt	Folgnr. Synch-Punkt
P-ACTIVITY-START	unbestätigt	s. Tab. 7.6
P-ACTIVITY-RESUME	unbestätigt	s. Tab. 7.6
P-ACTIVITY-END	unbestätigt	s. Tab. 7.6
P-ACTIVITY-INTERRUPT	bestätigt	s. Tab. 7.6
P-ACTIVITY-DISCARD	bestätigt	s. Tab. 7.6

Tabelle 8.2: Darstellungsdienste mit Bedeutung für das Protokoll

Dienst	Typ
P-TOKEN-GIVE	unbestätigt
P-CONTROL-GIVE	unbestätigt
P-TOKEN-PLEASE	unbestätigt
P-SYNC-MINOR	unbestätigt
P-SYNC-MAJOR	bestätigt
P-U-EXCEPTION-REPORT	unbestätigt
P-P-EXCEPTION-REPORT	Diensterbringer initiiert
P-CAPABILITY-DATA	bestätigt
P-EXPEDITED-DATA	unbestätigt

Tabelle 8.3: Darstellungsdienste ohne Bedeutung für das Protokoll

P-CONNECT Eine Darstellungsverbindung zwischen Anwendungsinstanzen und damit verbunden, eine Sitzung, wird aufgebaut. In der Kontext-Liste gibt die rufende Anwendungsinstanz die Namen der abstrakten Syntaxen an, für die Darstellungskontexte erstellt werden sollen. Der Diensterbringer vereinbart hierzu zugehörige konkrete Transfersyntaxen. Den so erzeugten Darstellungskontexten werden vom Diensterbringer Identifizierer zugeordnet und diese über den Kontext-Referenz-Parameter den beiden Anwendungsinstanzen bekanntgegeben.

Die Vereinbarung zwischen den beiden Darstellungsinstanzen geschieht in der Weise, daß die initiierende Instanz zu jeder gewünschten abstrakten Syntax eine Liste von konkreten Syntaxen vorschlägt. Hieraus wählt die antwortende Instanz je eine aus, die dann konkrete Syntax zu dieser abstrakten Syntax ist. Die so bestimmten Darstellungskontexte gehören dann sowohl zu der Menge der definierten als auch der Menge der aktiven Kontexte (s. auch Abb. 8.4).

Der Protokollname ist vorgesehen, um gegebenenfalls alternative Darstellungsprotokolle oder alternative Abbildungen auf die Dienste der Kommunikationssteuerungsschicht auswählen zu können. Diese Möglichkeiten werden zur Zeit noch diskutiert.

Über den Parameter für Dienstanforderungen kann die Anwendung die Funktionseinheiten der Darstellungsschicht (Kern, Kontext-Definition, Kontext-Auswahl) sowie die der Kommunikationssteuerungsschicht (s. 7.2.1) auswählen.

Die übrigen in der Tabelle 8.2 angegebenen Parameter
beziehen sich auf die entsprechenden Parameter für die
Schicht 5.

Die endgültige Auswahl der Funktionseinheiten, des Proto-
kollnamens, der Gütemerkmale und der Schicht 5-Funktions-
einheiten wird zwischen Dienstbenutzern und Diensterbringer
ausgehandelt. Aushandeln bedeutet, daß der Diensterbringer
diese Werte variieren darf, bevor er sie mit P-CONNECT.
indication dem gerufenen Benutzer anzeigt. Die Werte in
P-CONNECT.response müssen kompatibel aber nicht identisch
mit den angezeigten Werten sein. Die Werte von P-CONNECT.
response werden mit P-CONNECT.confirm unverändert dem
rufenden Benutzer übergeben. Jener kann die Verbindung
abbrechen, wenn er mit diesen zurückgemeldeten Werten nicht
einverstanden ist. Die in der Kontext-Liste bei P-CONNECT.
request angegebenen abstrakten Syntaxen unterliegen nicht
der Verhandlung.

Der gerufene Benutzer kann über den Ergebnis-Parameter den
Verbindungsaufbauwunsch ablehnen.

P-RELEASE   Die Darstellungsverbindung und damit gleichzeitig die
unterlagerte Sitzung werden ausgelöst.

P-U-ABORT   Abbruch der Verbindung zu beliebiger Zeit durch den Be-
P-P-ABORT   nutzer bzw. den Diensterbringer. Es kann Datenverlust
auftreten.

P-DEFINE-CONTEXT Dient der Vereinbarung eines neuen Darstellungskontextes zwischen Dienstbenutzern und Diensterbringer.
Dieser wird der Menge der definierten Kontexte hinzugefügt.
Der Initiator des Dienstes gibt den Namen einer abstrakten
Syntax an. Der Diensterbringer wählt hierzu eine passende
konkrete Syntax aus und übergibt einen Identifizierer für
den so erzeugten neuen Kontext den beiden Dienstbenutzern.
Für die Auswahl der konkreten Transfersyntax schlägt wieder
die initiierende Darstellungsinstanz eine Liste von
konkreten Syntaxen vor, aus der die antwortende Darstellungsinstanz genau eine auswählt. Über den Ergebnisparameter kann die neue Kontextdefinition akzeptiert oder
abgelehnt werden (durch Benutzer oder Erbringer). Die
antwortende Darstellungsinstanz kann mit der DCR-Protokoll-
dateneinheit (s. 8.2.3) alle vorgeschlagenen konkreten
Syntaxen ablehnen und dabei die konkreten Syntaxen angeben,
die sie unterstützen könnte.

P-SELECT-CONTEXT Die Menge der aktiven Darstellungskontexte wird ge-
ändert. Durch Angabe der Kontext-Identifikationen können
Kontexte aus der aktiven Menge entfernt oder aus der vorher
definierten Kontextmenge in die aktive Kontextmenge aufgenommen werden. Der Ergebnisparameter gestattet wieder
Zurückweisung eines solchen Änderungswunsches.

P-DELETE-CONTEXT Eine Kontext-Definition, die gerade nicht aktiv sein
darf, wird gelöscht. Dieser Wunsch kann vom Empfänger oder
vom Diensterbringer abgelehnt werden.

Datenübermittlung Die Dienste P-TYPED-DATA und P-DATA werden auf
die entsprechenden Dienste S-TYPED-DATA bzw. S-DATA abgebildet. Der Dienst S-DATA wird zusätzlich auch noch durch
das Darstellungsprotokoll selbst benutzt.

Die von der Anwendungsinstanz übergebenen Daten enthalten
konzeptionell einen Hinweis auf den verwendeten aktiven
Darstellungskontext und den Datentyp in diesem Kontext.
Damit kann die Darstellungsinstanz die Transformation in
die zugehörige konkrete Syntax durchführen. Wie diese
Kennzeichnung und Übergabe im einzelnen realisiert wird,
ist natürlich eine lokale Implementierungsentscheidung.

P-RESYNCHRONIZE Hier hängt die Wirkung des Dienstes von der benutzten
Option ab (s. 7.2.5):
- Option 'restart' und der Synchronisationspunkt liegt in
  der gleichen Sitzung: die definierte und die aktive
  Kontextmenge werden auf den Stand des 'restart'-Punktes
  zurückgesetzt.
- Option 'restart' und der Synchronisationspunkt liegt in
  einer früheren Sitzung: Beide Kontextmengen werden auf
  den Stand von P-CONNECT gesetzt.
- Optionen 'abandon' oder 'set': beide Kontextmengen
  werden auf den Stand von P-CONNECT gesetzt.

Activity management Starten, Fortsetzen und Beenden von Aktivitäten
haben keine Auswirkungen auf das P-Protokoll. Diese Dienste
werden unmittelbar zur Kommunikationssteuerungsschicht
durchgereicht. Unterbrechen oder Abbruch von Aktivitäten
dagegen bewirken Rücksetzen der Kontextmengen auf den Stand
von P-CONNECT.

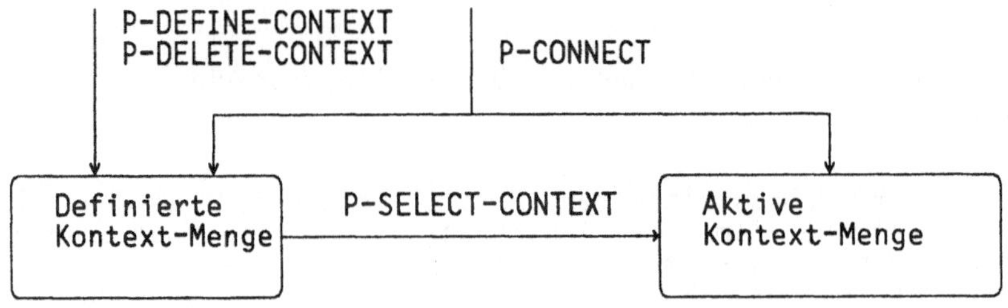

Abb. 8.4: Definierte und aktive Kontext-Mengen

8.2.3 Protokoll der Darstellungsschicht

Die wesentlichen Protokollfunktionen der Darstellungsschicht sind
bereits in der Beschreibung der Dienste (s. 8.2.2) enthalten. In der
Tabelle 8.5 wird daher nur eine Übersicht über die Protokolldateneinheiten der Schicht 6 und ihre Abbildung auf die Dienste der
Schicht 5 gegeben. Die Darstellungsdienste, die lediglich an die

Schicht 5 ohne eigenen Protokollablauf in der Schicht 6 durchgereicht
werden, sind dabei nicht aufgeführt.

Protokolldateneinheit	Code	Abbildung auf Dienstelemente der Schicht 5
Verbindungsaufbau		
Connect Presentation	CP	S-CONNECT.request; Parameter teils auf S-CONNECT-Parameter, teils auf S-CONNECT-Benutzerdaten abgebildet
Connect Presentation Accept	CPA	S-CONNECT.response; Parameter analog
Connect Presentation Reject	CPR	S-CONNECT.response(negativ)
Abbruch		
Abnormal Release User	ARU	S-U-ABORT.request
Abnormal Release Provider	ARP	S-U-ABORT.request
Definieren Kontext		
Define Context	DC	S-TYPED-DATA
Define Context Accept	DCA	S-TYPED-DATA
Define Context Reject	DCR	S-TYPED-DATA
Auswählen Kontext		
Select Context	SC	S-TYPED-DATA
Select Context Accept	SCA	S-TYPED-DATA
Select Context Reject	SCR	S-TYPED-DATA
Löschen Kontext		
Context Delete	CD	S-TYPED-DATA
Context Delete Accept	CDA	S-TYPED-DATA
Context Delete Reject	CDR	S-TYPED-DATA

Tabelle 8.5: Protokolldateneinheiten der Darstellungsschicht

Alle anderen Funktionsbausteine der Darstellungsschicht werden auf
die analogen Dienste der Kommunikationssteuerungsschicht unter Transformation auf den aktuellen Darstellungskontext (Ausnahme: P-
EXPEDITED-DATA) abgebildet. Hierzu gehören im einzelnen Verbindungsauslösung, Datenübermittlung für normale Daten, Vorrangdaten, Eigenschaftsdaten und Typendaten, der Umgang mit Berechtigungsmarken,
Synchronisationspunkten und Resynchronisation, Ausnahmebehandlung und
Aktivitäten-Management.

Die Funktionen der Synchronisation (Setzen von Synchronisationspunkten), der Resynchronisation und des Aktivitätenmanagements beeinflussen den Zustand der Darstellungsschicht, bestehend aus der
definierten Kontext-Menge und der aktiven Kontextmenge. Dieser so
definierte Zustand muß beim Setzen von Synchronisationspunkten
abgespeichert werden, um bei Resynchronisation wieder darauf
zurücksetzen zu können (s. auch 8.2.2).

8.2.4 Abstrakte Syntax

Eine →**abstrakte Transfersyntax** ist eine Menge von Datentyp-Defini-
tionen, die für die Kommunikation zwischen Anwendungsinstanzen festgelegt wird. Wie in 8.2.1 beschrieben, wird die abstrakte Syntax durch
ihren Namen identifiziert.

Das ISO-Dokument /ISO 8824/ beschreibt eine BNF-ähnliche Sprache, eine
Notation, in der abstrakte Syntaxen definiert werden können. Dies ist
die ' →**Abstract Syntax Notation 1**' (→**ASN.1**). In der ASN.1 können
hierarchisch strukturierte Datentypen, aufbauend auf einfachen Grundtypen beschrieben werden. Weitere Sprachen sind denkbar und werden
auch diskutiert, in denen z.B. außer den Datentypen auch Operationen
auf diesen Typen beschrieben werden können.

ASN.1 ist abgeleitet aus der vom CCITT in der Empfehlung X.409
/CCI X.409/ beschriebenen Notation für eine Transfersyntax und ist mit
ihr kompatibel. Mit den beiden Entwürfen /ISO 8824/ und /ISO 8825/ ist
eine Systematisierung und klare Trennung der Definition einer
abstrakten Syntax von der Definition der Codierregeln, der konkreten
Syntax, für eine solche abstrakte Syntax beabsichtigt.

Im folgenden soll versucht werden, einen Einblick in die ASN.1 zu
geben, ohne daß diese Notation hier in allen Einzelheiten beschrieben
wird (s. auch Tabelle 8.6).

Eine abstrakte Syntax, die in ASN.1 als 'Module' definiert wird, ist
eine Menge - versehen mit einem Referenznamen - von Typ- und
Wertdefinitionen. Für die 'modulereference' wird eine Struktur vorgeschlagen, wie z.B. ISOxxxx-JTM, ISOyyyy-FTAM. Sie besteht aus einer
ISO- (oder CCITT-)Dokumentennummer und einem Anhang, der die Anwendung
kennzeichnet.

Auf eine Typdefinition in einem 'module' kann man sich beziehen durch
die Angabe von

    typereference   oder   **modulereference.typereference**

Das Analoge gilt für die Referenz auf Werte. Damit lassen sich in
einem Modul Typ- und Wertdefinitionen aus anderen Modulen einbringen
(DefinedType und DefinedValue in Tabelle 8.6).

Die Syntax und Bedeutung der einzelnen 'BuiltinTypes' der Tabelle 8.6,
d.h. die Basistypen und die daraus ableitbaren Typen (Sequence, Set
usw.) sind im wesentlichen selbsterklärend. Für weitere Einzelheiten
wird auf die Originalpapiere verwiesen.

```
ModuleDefinition ::= modulereference DEFINITIONS "::="
                     BEGIN    ModuleBody    END
ModuleBody        ::= AssignmentList | Empty
AssignmentList    ::= Assignment | AssignmentList Assignment
Assignment        ::= Typeassignment | Valueassignment

Typeassignment    ::= typereference "::=" Type
Valueassignment   ::= valuereference Type "::=" Value |
                      valuereference Type "::=" NamedValue

Type              ::= BuiltinType | DefinedType
BuiltinType       ::= BooleanType | IntegerType | BitStringType |
                      OctetStringType | NullType | SequenceType |
                      SequenceOfType | SetType | SetOfType |
                      ChoiceType | TaggedType | AnyType |
                      CharacterSetType | UsefulType
NamedType         ::= identifier Type | Type | SelectionType

Value             ::= BuiltinValue | DefinedValue
BuiltinValue      ::= BooleanValue | IntegerValue | BitStringValue |
                      OctetStringValue | NullValue | SequenceValue |
                      SequenceOfValue | SetValue | SetOfValue |
                      ChoiceValue | TaggedValue | AnyValue |
                      CharacterSetValue
NamedValue        ::= identifier Value | Value

BooleanType       ::= BOOLEAN
BooleanValue      ::= TRUE | FALSE

IntegerType       ::= INTEGER | INTEGER {NamedNumberList}
NamedNumberList   ::= NamedNumber | NamedNumberList , NamedNumber
NamedNumber       ::= identifier (SignedNumber) | identifier (DefinedValue)
SignedNumber      ::= number | - number
IntegerValue      ::= SignedNumber | identifier

BitStringType     ::= BITSTRING | BITSTRING {NamedBitList}
NamedBitList      ::= NamedBit | NamedBitList , NamedBit
NamedBit          ::= identifier (number) | identifier (DefinedValue)
BitStringValue    ::= bstring | hstring | {IdentifierList} | {}
IdentifierList    ::= identifier | IdentifierList , identifier

OctetStringType  ::= OCTETSTRING
OctetStringValue ::= bstring | hstring

NullType          ::= NULL
NullValue         ::= NULL

SequenceType      ::= SEQUENCE {ElementTypeList}
ElementTypeList   ::= ElementType | ElementTypeList , ElementType
ElementType       ::= NamedType | NamedType OPTIONAL |
                      NamedType DEFAULT Value | COMPONENTSOF Type
SequenceValue     ::= {ElementValueList} | {}
ElementValueList ::= NamedValue | ElementValueList , NamedValue

SequenceOfType    ::= SEQUENCEOF Type
SequenceOfValue   ::= {ValueList} | {}
ValueList         ::= Value | ValueList , Value

SetType           ::= SET {ElementTypeList}
SetValue          ::= {ElementValueList} | {}

SetOfType         ::= SETOF Type
SetOfValue        ::= {ValueList} | {}

ChoiceType        ::= CHOICE {AlternativeList}
AlternativeList   ::= NamedType | AlternativeList , NamedType
ChoiceValue       ::= NamedValue

SelectionType     ::= identifier < Type
SelectionValue    ::= NamedValue
```

```
TaggedType          ::= Tag Type | Tag IMPLICIT Type
Tag                 ::= [Class ClassNumber]
ClassNumber         ::= number | DefinedValue
Class               ::= UNIVERSAL | APPLICATION | PRIVATE | empty

AnyType             ::= ANY
AnyValue            ::= Type Value

CharacterSetType ::= ISO646String | IA5String | NumericString |
                     PrintableString | TelexString | S61String |
                     VideotexString | S100String
CharacterSetValue::= cstring

UsefulType          ::= GeneralizedTime | UTCTime
```

Tabelle 8.6:   Syntax von ASN.1

Um in der konkreten Syntax einen eindeutigen Bezug zu Typdefinitionen
herstellen zu können, wird den Typdefinitionen eine Kennzeichnung
(' →tag') zugeordnet (s. auch 8.2.5). Diese Kennzeichnung ist in der
konkreten Codierung der Daten immer vorhanden. Dazu ist eine Klasseneinteilung definiert. Es gibt vier Klassen:

UNIVERSAL: Typdefinitionen gemäß ASN.1

APPLICATION: Anwendungsspezifische, durch internationale Standards
                  festgelegte Datentypen

PRIVATE: Auf nicht internationaler Basis zwischen kommuni-
                  zierenden Anwendern vereinbarte Datentypen

context-specific: Dies sind frei vereinbarte Kennzeichnungen, die nur
                  innerhalb spezieller Anwendungsbedeutungen Gültigkeit
                  haben.

Die Datentypen   innerhalb einer Klasse werden durchnumeriert. Für die
Klasse der mit ASN.1 definierten Typen ist folgende Numerierung
festgelegt:

```
        UNIVERSAL1        BooleanType
                2         IntegerType
                3         BitStringType
                4         OctetStringType
                5         NullType
               16         SequenceType, SequenceOfType
               17         SetType, SetOfType
            18-22         CharacterSetTypes
            23-24         UsefulTypes
```

Diese Kennzeichnungen, 'tags', sind implizit festgelegt. Mit Hilfe des
'Tagged Type' (s. Tabelle 8.6) können demselben Typ auch verschiedene
'tags' zugeordnet und so isomorphe Datentypen mit unterschiedlichen
Kennzeichungen definiert werden.

8.2.5 Konkrete Syntax

Eine →**konkrete Transfersyntax** enthält die expliziten Codierregeln
zu einer abstrakten Syntax für die Datenübermittlung zwischen zwei
Darstellungsinstanzen. Der Normenentwurf /ISO 8825/ beschreibt eine
spezielle konkrete Syntax für die Beschreibungssprache ASN.1 (**Basic
Encoding Rules for ASN.1**). Diese ist voll kompatibel mit den Kodier-
regeln von /CCI X.409/.

Nach Vereinbarung eines Darstellungskontextes zwischen Anwendungsinstanzen und Darstellungsinstanzen ist es somit die Aufgabe der
Darstellungsinstanzen, Anwenderdaten - Werte eines definierten Typs -
für die Übermittlung in eine Oktadenfolge der vereinbarten konkreten
Syntax umzuwandeln. Und umgekehrt.

Jede Codierung eines Datenwertes hat gemäß den ' →Basic Encoding
Rules' die Form

Identifizierer	Länge	Inhalt	Ende-Zeichen

Identifizierer :   Ein oder mehrere Oktaden, welche eine Codierung
                   für den 'tag' (Datentyp-Klasse und -Nummer) ent-
                   halten.

Länge   :   Gibt die Länge des Inhalts in Oktaden an oder
                   kennzeichnet, daß ein spezielles Ende-Zeichen vor-
                   handen ist.

Ende-Zeichen   :   Ein Ende-Zeichen, bestehend aus zwei 0-Oktaden,
                   kann vorhanden sein.

Inhalt   :   Hier wird der eigentlich Datenwert codiert. Die
                   genauen Codierungen für die Basis-Datentypen sollen
                   hier nicht wiedergegeben werden. Der Inhalt des
                   Datenwertes eines zusammengesetzten Typs wird in
                   naheliegender Weise gebildet, z.B.

                   SequenceType: Der Dateninhalt ist eine Folge von
                   Datenwerten korrespondierend zu den in der Defini-
                   tion aufgeführten Typen.

                   SequenceOfType: Der Dateninhalt besteht aus null
                   oder mehreren Datenwerten zu dem angegebenen Typ.

                   ChoiceType: Der Dateninhalt ist gleich dem Daten-
                   inhalt zu dem ausgewählten Typ.

Ein kleines Beispiel soll diese Codierregeln noch einmal verdeut-
lichen.

Typ-Definition: SEQUENCE {SEQUENCE{BOOLEAN,INTEGER},IA5String}
                      1   2   3   4   5

Struktur der Codierung eines zugehörigen Datenelementes:

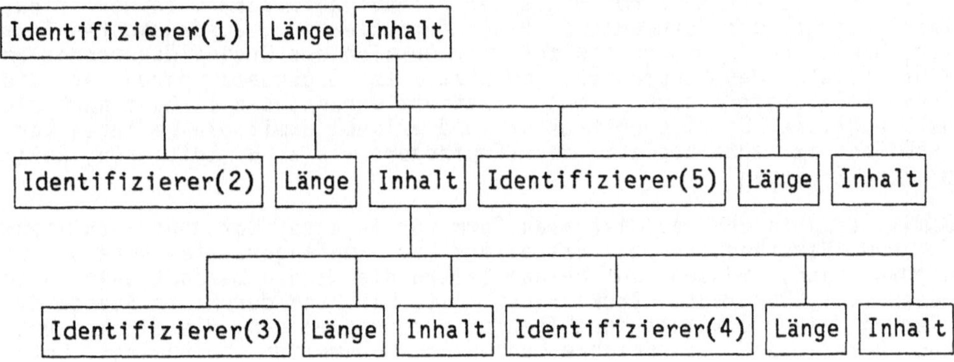

8.3   Dokumentenarchitektur

8.3.1 Überblick

Seitdem die elektronische Verarbeitung und der Austausch von zeichen-
orientiertem Text schon fast zur Routine geworden ist, laufen Bestre-
bungen, auch das Spektrum von Dokumentenverarbeitung und -austausch zu
erweitern. Hierzu gehört im wesentlichen, daß normaler zeichenorien-
tierter Text mit Daten, Formularen, Grafiken und Fotografien gemischt
und zu einem Dokument zusammengefaßt werden kann.

Ein Dokument kann in zwei Formen ausgetauscht werden, in einer
sogenannten ' →**final form**' und einer ' →**revisable form**'. In der 'final
form' liegt das Dokument in einer formatierten, ausdruckbaren Form
vor und wird hauptsächlich zur Reproduktion des Orginaldokumentes am
Arbeitsplatz des Empfängers benutzt. Im Gegensatz dazu ist die
'revisable form' noch nicht formatiert worden, sie enthält noch die
ursprüngliche Dokumentenstruktur und erlaubt damit ein weiteres Verarbeiten am Arbeitsplatz des Empfängers wie z. B. Editieren, Revi-
dieren, Ergänzen.

Damit ein in der revidierbaren Form vorliegendes Dokument konsistent
zu dem Verständnis des Erstellers im Empfängersystem verarbeitet
werden kann, müssen auf beiden Seiten die Regeln bekannt sein, nach
denen das Dokument strukturiert ist. Das kann durch die Standardisierung einer Dokumentenarchitektur erreicht werden, die die Konzepte
und Prinzipien zur Beschreibung von Dokumenten beinhaltet. Unter
dieser Zielsetzung wurde bei der ISO im 'Subcommittee 18' eine eigene
Arbeitsgruppe gegründet, und der CCITT beschäftigt sich mit dieser
Thematik im Zusammenhang mit 'mixed mode' Teletex und G4 Faksimile.
Eine ECMA-Arbeitsgruppe arbeitet konform zur ISO.

8.3.2 Dokumenten-Strukturen

Ein →**Dokument** ist eine bestimmte Menge Text, die als eine Einheit
ausgetauscht und verarbeitet werden kann. Das Dokument kann wiederum
einen Teil eines übergeordneten Dokumentes darstellen, das aus der
Sicht der Anwendung wiederum als eine Einheit betrachtet wird.
→**Text** ist solche Information, die für Personen bestimmt ist und auf
einem zweidimensionalen Medium dargestellt werden kann, entweder auf
Papier gedruckt oder auf einem Bildschirm angezeigt. Der Text besteht
aus grafischen Elementen wie 'character box'-Elementen, geometrischen
Elementen (z.B. Linien und Kreise) und fotografischen Elementen
(z.B. Bildpunkte) und Kombinationen von diesen. Sie alle bilden
den Inhalt eines Dokumentes.

In den augenblicklichen Standardisierungsarbeiten werden die Kate-
gorien Sprache und Daten noch nicht berücksichtigt.

Ein Dokument ist aber nicht nur durch seinen Inhalt charakterisiert,
sondern auch durch seine →**logische Struktur** und die →**Layout-
Struktur**. Beide Strukturen sind hierarchisch geordnet, die Elemente
des Baumes werden mit →**Objekt** bezeichnet. Die Objekte der logischen

Struktur heißen →logische Objekte und die der Layout Struktur werden →Layout-Objekte genannt. Beispiele für logische Objekte sind Überschriften, Kapitel, Abschnitte, Fußnoten und Abbildungen; Beispiele für Layout-Objekte sind Seiten, Blöcke und Zeilen.

Beide Strukturen können durch Bäume dargestellt werden. Die Knoten des Baumes stellen die Objekte dar. Verzweigungen auf untergeordnete Objekte sollen ausdrücken, daß diese Objekte in dem betreffenden Objekt enthalten sind, wie z. B. Abschnitte in einem Kapitel oder Blöcke in einer Seite. Die Blätter des Baumes werden 'basic objects' genannt. Die gemeinsame Wurzel beider Bäume ist das Objekt 'Dokument'. Die Struktur-Hierarchien sind in Abb. 8.7 dargestellt.

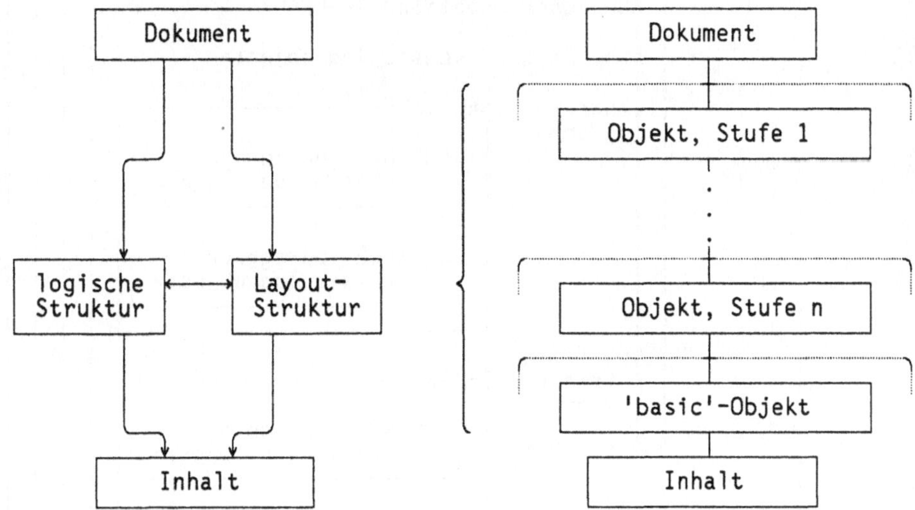

Abb. 8.7: Struktur-Hierarchien

Die reine Baumstruktur reicht aber noch nicht aus, um ein Dokument ausreichend zu beschreiben. Es ist noch erforderlich, den Zusammenhang zwischen den Elementen zu beschreiben, aus denen ein zusammengesetztes Objekt (→composite object) besteht. Es wird zwischen den im folgenden beschriebenen drei Konstruktoren unterschieden.

Der ' →**sequence constructor**' definiert eine sequentielle Ordnung in dem Sinne, daß die einzelnen Elemente in der vorgegebenen Reihenfolge angeordnet und zugreifbar sind. Ein Beispiel dafür sind die Zeichen einer Zeichenfolge oder die Abschnitte eines Kapitels. Der ' →**array constructor**' spezifiziert eine ein- oder zweidimensionale matrixförmige Anordnung von Elementen in dem Sinne, daß die einzelnen Elemente in der vorgegebenen Reihenfolge angeordnet, aber in beliebiger Weise zugreifbar sind. Beispiele dafür sind die durchnumerierten Kapitel eines Dokumentes oder die numerierten Seiten eines Dokumentes. Der ' →**aggregate constructor**' bezeichnet eine Menge von Elementen ohne spezielle Ordnung in bezug auf die Anordnung und die Zugriffsmethode.

Abb. 8.8 zeigt eine beispielhafte Darstellung der logischen Struktur und die Konstrukte für Unterstrukturen.

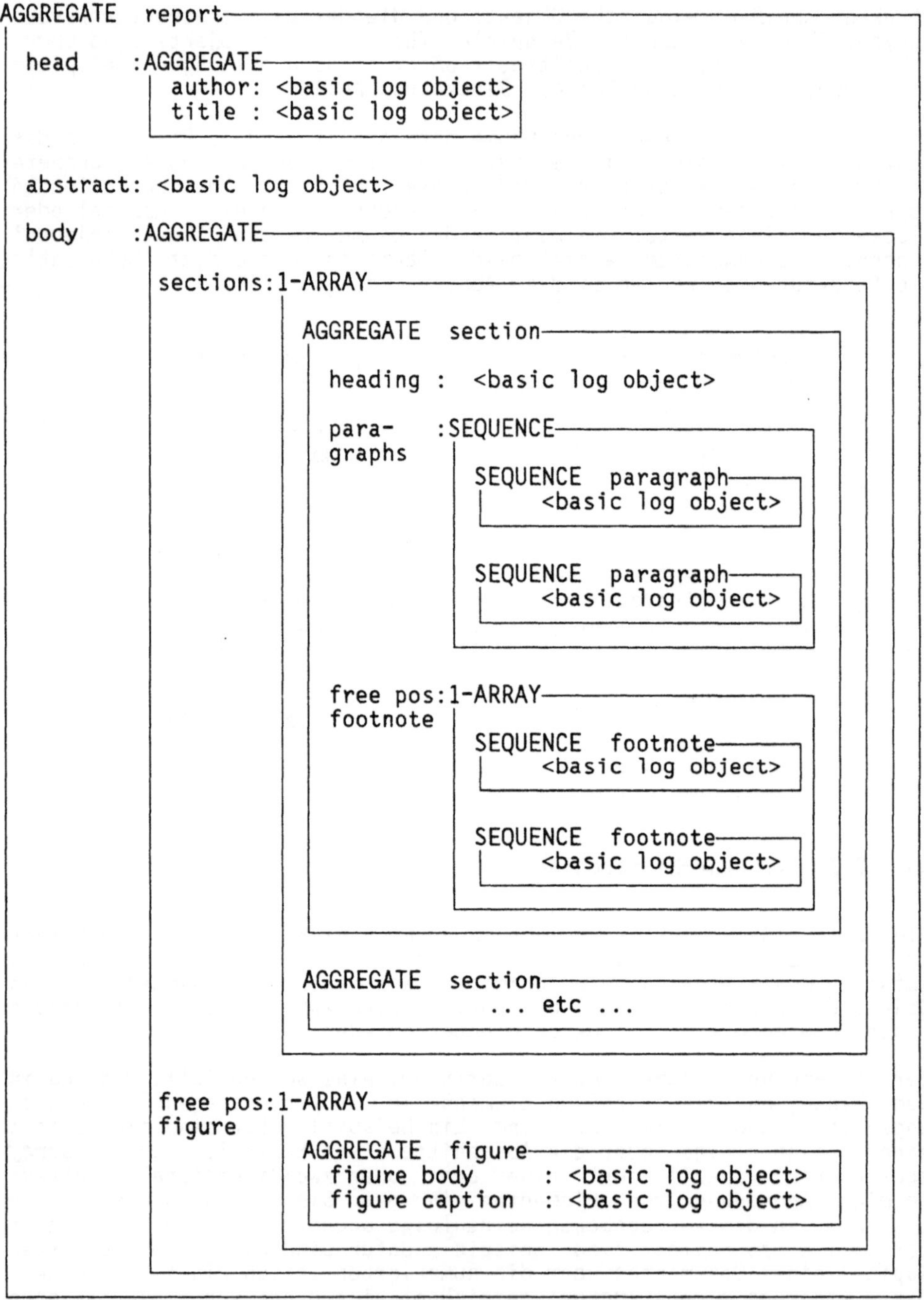

Abb. 8.8: Darstellung der logischen Struktur eines Dokumentes anhand
eines Beispiels

Darüberhinaus können Objekte durch weitere Merkmale beschrieben werden. Hierzu gehören zum Beispiel die Spezifikation der Ausdehnung und der Position von rechteckigen Anordnungen. Oder es können Angaben über die Darstellungsform enthalten sein, wie Justierungsangaben, Hinter- oder Vordergrundfarben oder Zeichen-Fonts.

Ferner können die Objekte miteinander in Beziehung gesetzt werden. Hierzu gehören Referenz-Beziehungen zwischen logischen Objekten wie z.B. Verweise auf Bilder, Kapitel und Fußnoten. Eine Beziehung vom Typ 'figure anchor' enthält Positionsangaben für Bilder, z.B. 'am nächsten, aber nicht vorher'.

Beispiele für Beziehungen zwischen Layout-Objekten sind Überlagerungs-eigenschaften. 'Claiming' definiert, daß das überlagernde Objekt den gemeinsamen Bereich zwischen überlagertem und überlagerndem Objekt für sich beansprucht. Wenn der Inhalt des überlagerten Objektes in dem gemeinsamen Bereich verdeckt werden soll, wird diese Beziehung mit 'opaque' bezeichnet. Oder die Überlagerung kann 'transparent' erfolgen, wenn beide Inhalte additiv gemischt werden sollen.

Die 'correspondence'-Beziehung stellt die Verbindung zwischen logischem Objekt und Layout-Objekt her und kontrolliert den Formatierungs-prozeß.

Objekte eines Dokumentes sind jeweils Instanzen eines bestimmten Typs. Da es aber unmöglich sein wird, für die Praxis eine ausreichende Anzahl von unterschiedlichen Objekt-Typen zu standardisieren, soll es ermöglicht werden, einen bestimmten Objekt-Typ in einer standar-disierten Weise zu definieren. Dazu wird eine standardisierte Dekla-rationssprache benötigt. Eine mittels dieser Sprache beschriebene Typ-Definition, ausgetauscht zusammen mit den entsprechenden Instan-zen, versetzt den Empfänger in die Lage, die Objekte innerhalb der Dokumentenstruktur in der gewünschten Weise zu kontrollieren und zu manipulieren. Die Objekt-Typdefinition enthält Angaben hinsichtlich ihrer Beziehungen zu anderen Objekten.

Ein →Dokument ist ein Objekt aus einer bestimmten Dokumenten-Klasse. Eine Klasse ist durch eine Menge von Definitionen von logischen Objekt-Typen, eine Menge von Typdefinitionen von Layout-Objekten und eine Menge von Definitionen von 'correspondence'-Beziehungen defi-niert. Da ein Dokument einer bestimmten Klasse aber noch alternativ in verschiedenen Layouts, u. a. abhängig von den Möglichkeiten des jewei-ligen Darstellungsgerätes, erscheinen können sollte, kann eine Klas-sendefinition mehrere Mengen von Layout-Objektdefinitionen enthalten. Jede alternative Definition entspricht dann einer eigenen Dokumenten-Unterklasse.

Abb. 8.9 zeigt das gesamte Modell, in dem einerseits ein bestimmtes Dokument durch die 'specific description' beschrieben ist und anderer-seits die zugehörige Dokumentenklasse durch die ' →generic descrip-tion' definiert wird. Die ' →substitute description' kann eine Art von Makrodefinition für Teile darstellen, die öfter in der Beschreibung vorkommen und auf die in der Beschreibung dann nur noch referiert zu werden braucht. Die 'document reference information' enthält Eigen-schaften in bezug auf das gesamte Dokument (z. B. Name des Autors, Schlüsselworte, Datum, Dateinummer).

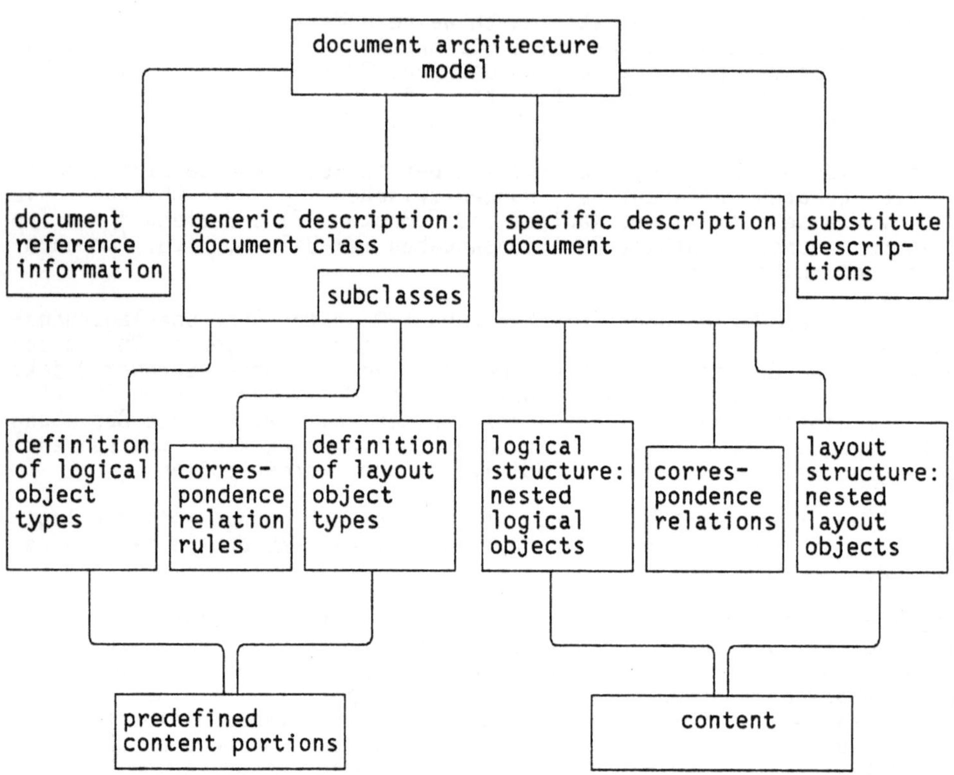

Abb. 8.9: Modell der gesamten Dokumentenarchitektur

Eine bestimmte Ausprägung dieser Dokumentenarchitektur ist der CCITT-Empfehlungsentwurf T.73 /CCI T.73/.

8.3.3 Die CCITT-Empfehlung T.73

Der Entwurf der CCITT-Empfehlung T.73 /CCI T.73/, auch bekannt unter dem älteren Arbeitstitel S.a, definiert das Protokoll für einen Dokumentenaustausch oberhalb der Kommunikationssteuerungsschicht. Er ist Bestandteil der zukünftigen Telematik-Dienste 'Mixed Mode' Teletex und Gruppe4-Faksimile. Die Anwendung für den internationalen Videotex-Dienst ist zunächst noch offengelassen.

Die Ausstattung der zu benutzenden Endgeräte ist in der Empfehlung T.60 für Teletex, in T.72 für 'Mixed Mode'-Geräte und in T.5 für G4-Faksimile definiert. Die Codierung der Information erfolgt entsprechend T.61 für codierte Zeichen und T.6 für G4-Faksimile. Die Abbildung 8.10 stellt den Zusammenhang in Bezug auf das Schichtenmodell dar.

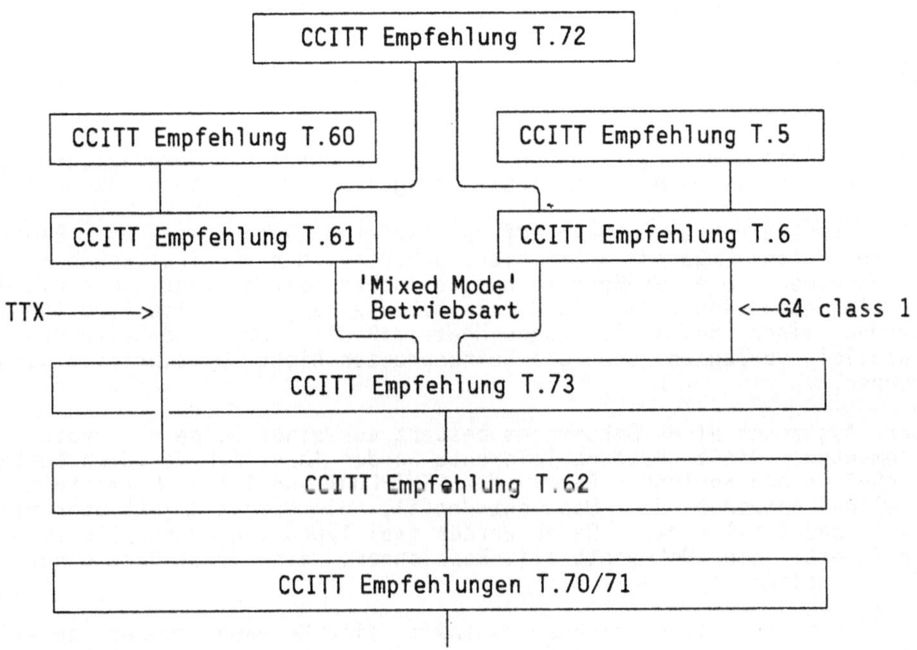

T.5   Apparatus for Use in the Group 4 Facsimile Service

T.6   Facsimile Coding Schemes and Coding Control Functions
         for Group 4 Facsimile Apparatus

T.60   Terminal Equipment for Use in the TELETEX Service

T.61   Character Repertoire and Coded Character Sets to the
         International TELETEX Service

T.62   Control Procedures for the TELETEX Service

T.70   Network Independent Basic Transport Service for TELETEX

T.71   LAPB Extended for Half Duplex Physical Level Facility

T.72   Terminal Capabilities for Mixed Mode of Operation

T.73   Document Interchange Protocol for the Telematic Services

Abb. 8.10: Empfehlung T.73, Einordnung in das Schichtenmodell

Es ist vorgesehen, daß das Dokument sowohl in der 'final' Form als auch in der 'revisable' Form übertragen werden kann. Der Text besteht aus Zeilenelementen, geometrischen Elementen und fotografischen Elementen. Ferner wird eine logische und Layout-Dokumentenstruktur unterstützt.

Ein Dokument wird auf der höchsten Ebene durch ein Dokumenten-Profil beschrieben; es enthält Attribute bezogen auf das gesamte Dokument.

Die Layout-Struktur enthält auf der tiefsten Ebene Seiten oder Blöcke. Diese Seiten müssen aber nicht unbedingt den physikalischen Seiten entsprechen. Die Größe der physikalischen Seiten liegt außerhalb der Festlegungen von T.73. Die Blöcke haben eine rechteckige Struktur und werden einer Seite so zugeordnet, daß die Block- und Seitengrenzen parallel verlaufen und die Seitengrenzen nicht überschritten werden können.

Der Austausch eines Dokumentes besteht aus einer Folge von Protokoll-elementen. Diese Protokollelemente werden innerhalb der Dienstdaten-einheiten der Schicht 5 (Kommandos CSUI-CDUI von T.62) übermittelt und stellen entweder das Dokument-Profil, ein Layout-Objekt oder einen Teil des Inhalts dar. Daher werden drei Typen von Protokollelementen definiert: ein Dokumentprofil-Bezeichner, ein Layout-Bezeichner und Texteinheiten.

Der Dokumentprofil-Bezeichner enthält eine Referenz zu der 'generic' Layout-Struktur, eine Referenz zu der spezifischen Layout-Struktur, eine Reihe von Attribut-Eigenschaften in bezug auf das Darstellungs-medium und ein Informationsfeld. Das Informationsfeld trägt anwen-dungsspezifische Angaben wie z. B. Datum, Autor.

Der Layout-Bezeichner stellt ein spezifisches oder generisches Layout-Objekt und zugehörige Attribute dar. Jedes einzelne Objekt wird durch einen einzigen Layout-Bezeichner dargestellt.

Die Texteinheiten stellen den eigentlichen Inhalt des Dokumentes samt zugehöriger Textattribute dar.

Der Entwurf T.73 beinhaltet eine formale Definition des Protokolls. Die Notation der Definitionen entspricht der von X.409 (/CCI X.409/, siehe auch 8.2.4). Die Tabellen 8.11 bis 8.14 enthalten auszugsweise Definitionen aus dem Entwurf.

```
ProtocolElement                 ::=CHOICE (
  documentProfileDescriptor     <0> IMPLICIT DocumentProfileDescriptor,
  genericLayoutDescriptor       <1> IMPLICIT LayoutDescriptor,
  specificLayoutDescriptor      <2> IMPLICIT LayoutDescriptor,
  textUnit                      <3> IMPLICIT TextUnit,
  presentationCapabilitiesDe-   <4> IMPLICIT PresentationCapabilities)
  scriptor
```

Tabelle 8.11: Formale Definition der Protokollelemente

```
DocumentProfileDescriptor      ::=SET (
  referenceToGenericLayout       <0> IMPLICIT ObjectReferenceName
                Structure                                        OPTIONAL,
  referenceToSpecificLayout      <1> IMPLICIT ObjectReferenceName
                Structure                                        OPTIONAL,
  presentationCapabilities       <2> IMPLICIT PresentationCapabilities
                                                                 OPTIONAL,
  otherDocumentProfile           <3> IMPLICIT OtherDocumentProfile
                Attributes                          Attributes OPTIONAL)
OtherDocumentProfileAttributes ::=SET (-- none at present -)
```

Tabelle 8.12: Formale Definition des Dokument-Profil-Bezeichners

```
TextUnit                        ::= SEQUENCE (
    contentPortionAttributes      ContentPortionAttributes,
    textInformation               TextInformation)

ContentPortionAttributes        ::= SET (
  contentPortionIdentifier        PortionReferenceName OPTIONAL,
  typeOfCoding                    <0> IMPLICIT TypeOfCoding OPTIONAL,
  codingAttributes                CHOICE
    T61Attributes                 <1> IMPLICIT T61Attributes,
    t6Attributes                  <2> IMPLICIT T6Attributes) OPTIONAL,
  alternativeGraphicRepresent.    <3> IMPLICIT CommentString OPTIONAL)

PortionReferenceName            ::= <APPLICATION 0> IMPLICIT Printable
                                                                  String
                                --digits 0 to 9 with space as a
                                                             delimiter

TypeOfCoding                    ::= INTEGER (t61 (0), t6 (1))

T61Attributes                   ::= SET (--none at present --)

T6Attributes                    ::= SET (
    numberOfPelsPerLine           <0> IMPLICIT INTEGER OPTIONAL,
    numberOfLines                 <1> IMPLICIT INTEGER OPTIONAL,
    compression                   <2> IMPLICIT compression OPTIONAL,
    numberOfDiscardPels           <3> IMPLICIT INTEGER OPTIONAL)

compression                     ::= INTEGER (uncompressed (0),
                                               compressed (1))
                                --- other values for further study

TextInformation                 ::= CHOICE (
    t61String                     T61String,
    t6String                      OCTETSTRING)
```

Tabelle 8.13: Formale Definition der Texteinheit

```
LayoutDescriptor                ::= SEQUENCE (
   layoutObjectType                LayoutObjectType,
   layoutDescriptorBody            LayoutDescriptorBody)

LayoutObjectType                ::= INTEGER (document (0), pageSet (1),
                                       page (2), frame (3), block (4))

LayoutDescriptorBody            ::= SET (
   objectIdentifier                ObjectReferenceName OPTIONAL,
   referencesTo                    CHOICE (
      subordinateObjects           <0> IMPLICIT SEQUENCE OF NumericString,
      contentPortions              <1> IMPLICIT SEQUENCE OF NumericString
                                   OPTIONAL,

   referenceToGenericObject        <2> IMPLICIT ObjectReferenceName
                                                       OPTIONAL,
   position                        <3> IMPLICIT MeasurePair OPTIONAL,
   dimensions                      <4> IMPLICIT MeasurePair OPTIONAL,
   transparent                     <5> IMPLICIT Transparent OPTIONAL,
   presentationAttributes          <6> IMPLICIT PresentationAttributes
                                                       OPTIONAL,
   defaultValueLists               <7> IMPLICIT SEQUENCE OF DefaultValue
                                                   List OPTIONAL,
   userReadableComments            <8> IMPLICIT CommentString OPTIONAL)

ObjectReferenceName             ::= <APPLICATION 1> IMPLICIT Printable
                                                            String
                                    -- digits 0 to 9 with space as a
                                                        delimiter

MeasurePair                     ::= SEQUENCE (Measure, Measure)

Measure                         ::= CHOICE (
   fixedMeasure                     <0> IMPLICIT INTEGER,
   variableMeasure                  <1> IMPLICIT INTEGER)

Claiming                        ::= INTEGER (non-claiming (0))
                                    -- other values for further study

Transparent                     ::= INTEGER (transparent (0))
                                    -- other values for further study

Commentstring                   ::= IA5String
                                    -- same character set as Printable
                                                            String
                                    -- plus carriage return and line
                                                            feed
```

Tabelle 8.14: Formale Definition des Layout Bezeichners

8.4 Literatur

/CCI T.73/   CCITT Recommendation T.73
               Document Interchange Protocol for the Telematic Services
               1984

/CCI X.409/   CCITT Recommendation X.409
               Message Handling Systems: Presentation Transfer Syntax
               and Notation, 1984

/ECMA-83/   ECMA / TC29 / 83 / 56
               Office Document Architecture
               Fourth Working Draft, 1983

/ECMA-84/   Standard ECMA-84, Data Presentation Protocol,
               September 1982

/ECMA-86/   Standard ECMA-86, Generic Data Presentation Services
               and Protocol, März 1983

/EHKP-6/   Einheitliche Höhere Kommunikationsprotokolle, Schicht 6,
               BMI, März 1983

/Hora 83/   Horak,W.:
               Tutorial to ISO/TC97/SC18/WG3 N191
               ISO/TC97/SC18/WG3 N203, 1983

/ISO 83/   ISO / TC97 / SC18 / WG3 / N161
               Office Document Architecture
               Third Working Draft, 1983

/ISO 8822/   ISO DP8822 Information Processing Systems -
               Open Systems Interconnection - Connection Oriented
               Presentation Service Definition, Oktober 1984

/ISO 8823/   ISO DP8823 Information Processing Systems -
               Open Systems Interconnection - Connection Oriented
               Presentation Protocol Specification, Oktober 1984

/ISO 8824/   ISO DP8824 Information Processing Systems -
               Open   Systems   Interconnection   -   Specification   of
               Abstract Syntax Notation One (ASN.1), Oktober 1984

/ISO 8825/   ISO DP8825 Information Processing Systems -
               Open Systems Interconnection - Basic Encoding Rules
               for Abstract Syntax Notation One (ASN.1), Oktober 1984

9 Protokolle von Teletex

9.1 Teletexdienst

9.1.1 Einführung

Der Teletexdienst dient der Übertragung und Vermittlung von Texten aus
dem Speicher eines Textsystems in den Speicher eines anderen Systems.
Die Texte sind zeichenweise codiert und im Format DIN A4 dargestellt.
Der Teletexdienst kann den Telexdienst und Teile der Briefpost
(Geschäftskorrespondenz) ersetzen.

Der grundsätzliche Aufbau eines →**Teletexsystems** ist aus Abb. 9.1 zu
ersehen.

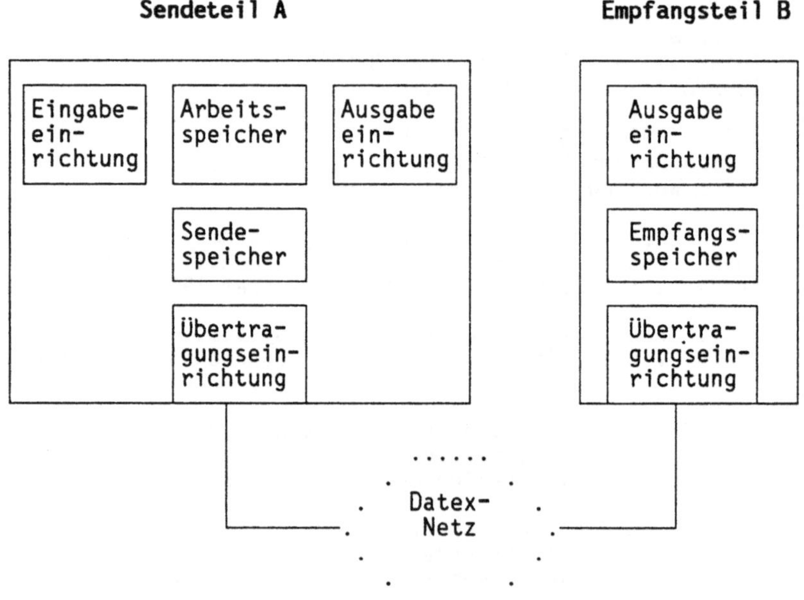

Abb. 9.1: Systemaufbau von Teletex

9.1.2 Teletex als Ersatz für die Briefpost

Diese Substitution soll am Beispiel der Geschäftskorrespondenz er-
läutert werden. Im folgenden wird die Abwicklung von Geschäftskorrespondenz zum einen mit Hilfe der Briefpost zum anderen über
Teletex betrachtet. Dazu wird definiert:

Die Anwendung 'Geschäftskorrespondenz' beinhaltet

> Übermittlung von Dokumenten von einem Sender zu einem Empfänger,
> wobei am Ende des Korrespondenzvorganges beim Empfänger Dokumen-
> te auf Papier seitenweise, nach den Vorstellungen des Senders
> gestaltet, vorliegen sollen. Die Anwendung beinhaltet die
> rechnergestützte Erstellung und Bearbeitung von Schriftgut.

Dabei ist ein →**Dokument**

> ein einzelnes Stück ·Schriftverkehr von einer oder mehreren
> **Seiten** Umfang, das als zusammengehörendes Ganzes an einen oder
> mehrere Adressaten ausgeliefert werden soll.
>
> Die Kennzeichnung, was ein Dokument ist, obliegt dem Sender,
> z.B. durch Verweise im Text oder durch Numerierung.

Der grundsätzliche Aufbau für die Abwicklung von Geschäftskorrespondenz allgemein, über Briefpost und über Teletex ist in den Abbildungen
9.2, 9.3 und 9.4 gegeben

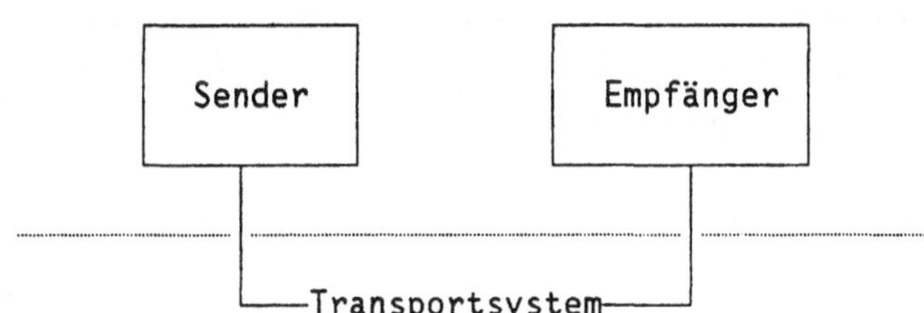

Abb. 9.2 : Allgemeine Abwicklung von Geschäftskorrespondenz

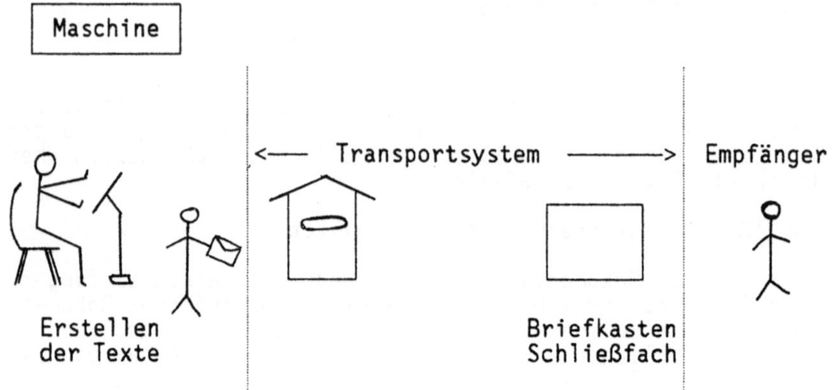

Abb. 9.3: Abwicklung über Briefpost

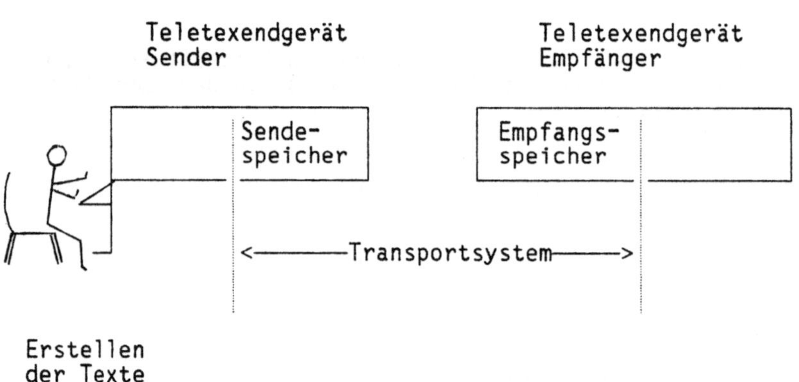

Abb. 9.4: Abwicklung über Teletex

Für Briefpost bzw. Teletex ergibt sich somit die folgende Reihenfolge der einzelnen Arbeitsschritte:

Arbeitsschritte bei Abwicklung über Briefpost

- Erstellen des Dokumentes
- Zusammenstellen der Sendung
- Versehen des Briefumschlages mit Adreßinformation
- Verschließen der Sendung im Briefumschlag
- Frankieren des Briefes
- Übergabe an die Post
- Transport
- Auslieferung an den Empfänger
- Weiterverteilung und -verarbeitung beim Empfänger

Arbeitsschritte bei Abwicklung über Teletex

- Erstellen des Dokumentes in zeichencodierter Form
- Zusammenstellen der Sendung
- Hinzufügen sendungsspezifischer Informationen (z. B. Adressen)
- Aufbau der Verbindung
- Abwicklung des Transports
- Sendung liegt teilweise oder vollständig im Speicher vor
- Verbindungsabbau
- Weiterverteilung und -verarbeitung beim Empfänger

Zusammenfassend lassen sich die beiden Systeme wie folgt charakterisieren:

Briefpost:
- Erreichbarkeit sehr hoch
- Transportzeit mindestens ein Tag
- Übergabe/Entnahme durch Menschen
- Transportsystem kennt nur Datenstruktur 'Sendung'
- Verluste von Sendungen sind gering
- Die Sendung wird nicht zerstückelt
- Schutz vor unberechtigtem Zugriff
- Immer Abnahme durch den Empfänger
- Normalerweise keine Quittung auf Empfang einer Sendung
- Dateninhalt wird praktisch nicht verfälscht
- der Ausdruck des Textes findet beim Sender statt, keine Einschränkungen durch Empfänger
- Unterschrift dient der Identifizierung
- Maschinelle Weiterverarbeitung nicht unmittelbar möglich

Teletex:

- Erreichbar nur Teletex- und Telexteilnehmer
- Transportzeit in der Größenordnung von Minuten
- Übergabe/Entnahme an/aus Speicher
- Sendung entspricht einer Verbindung
- Sendung kann zerstückelt werden
- Schutz vor unberechtigtem Zugriff
- Empfänger muß nicht jede Sendung vollständig abnehmen können
- Quittung auf Empfang einer Sendung
- Gestaltung des Textes beim Sender, aber Ausdruck beim Empfänger
- Text nur zeichencodiert
- maschinelle Weiterverarbeitung ist möglich

9.1.3 Anforderungen an die Protokolle

Aus dieser Gegenüberstellung von Briefpost und Teletex ergeben sich
Anforderungen an den Teletexdienst, welche die Ausstattung und den
Betrieb eines Teletexendgerätes (z.B. Verfügbarkeit und Abnahme-
garantie beim Empfänger) bestimmen. Daraus ergeben sich auch die
folgenden Anforderungen an die Teletexprotokolle: Die Protokolle

- müssen über die in verschiedenen Ländern vorhandenen Netze
  abwickelbar sein. Dadurch wird internationaler Verkehr ermöglicht
  und die Erreichbarkeit erhöht

- müssen Verfälschung des Inhaltes, Zerstückelung und Zerstörung
  eines Dokumentes erkennen und beheben können

- müssen Informationen, die zum Dokumententransport gehören, also
  Datum, Uhrzeit, Sender und Empfänger, mitliefern

- sollten Elemente bereitstellen, die den Hauptteil der Anwendungen
  abdecken, aber auch Spezialanwendungen ermöglichen (Erweiterbar-
  keit)

9.2   Transportprotokoll

Das Transportprotokoll von Teletex ist beschrieben in der CCITT-Empfehlung T.70: 'Network Independent Basic Transport Service for Teletex'

Der Teletexdienst soll für verschiedene Netztypen eingeführt werden. Diese sind paketvermittelnde Netze (PSDN, packet switched public data networks), leitungsvermittelnde Netze (CSDN, circuit-switched public data networks) und Fernsprechnetze (PSTN, public switched telephone networks). Dazu gehören Übergangsmöglichkeiten zwischen den verschiedenen Netztypen.

Der Teletex-Transportdienst setzt auf den verschiedenen Technologien für die Verbindung von Endsystemen auf. Diese sind in Abb. 9.5 dargestellt.

Den Instanzen der Schicht 5 von Teletex wird damit ein Transportdienst zur Verfügung gestellt, der netzunabhängig ist, Endbenutzer verbindet, sowie transparenten, fehlergesicherten Datentransport gewährleistet.

Das Transportprotokoll von Teletex entspricht der Einfachklasse, der Klasse 0 der in Kapitel 6 beschriebenen Transportprotokolle.

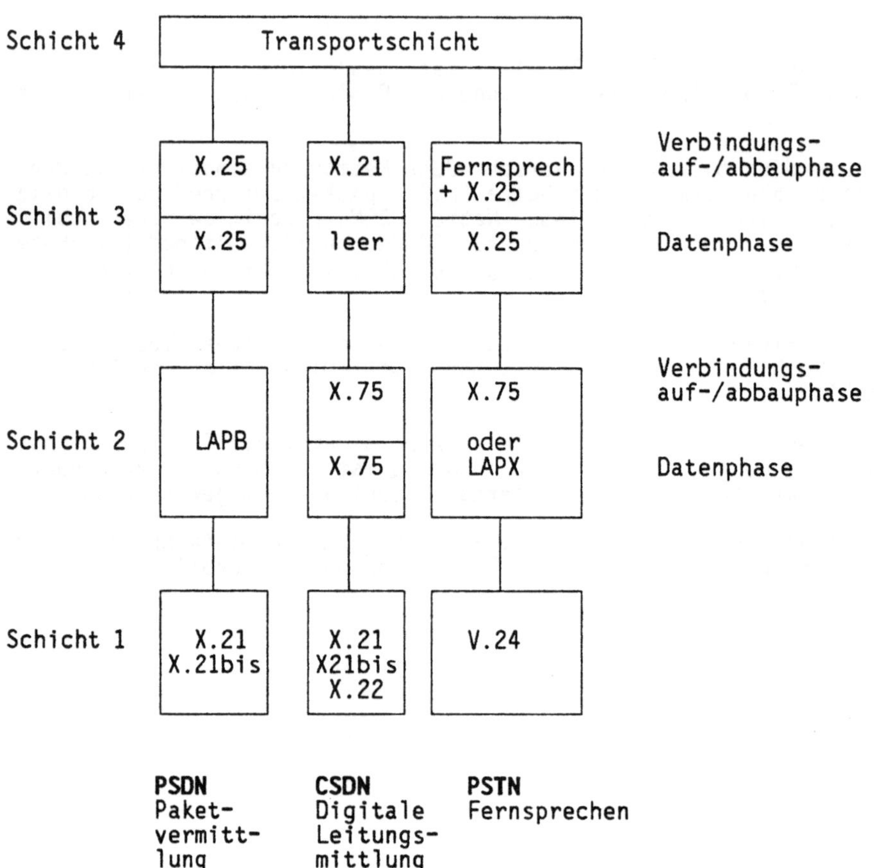

Abb. 9.5:   Schichten 1-4 von Teletex für verschiedene Netztypen ·

9.2.1 Dienste und Funktionen

Die in dieser Schicht zu realisierenden Funktionen sind abhängig von den Diensten, die der Schicht 5 angeboten werden sollen und denen, die Schicht 3 zur Verfügung stellt. Im folgenden werden nur die Basisdienste aufgeführt:

-   Aufbau einer Verbindung
    Parameter: Auswahl des Transportprotokolls, Identifizierung der Verbindung

-   Transport der Daten

-   Meldung von Fehlern (Prozedurfehler und Fehler der unterlagerten Schicht) an die Schicht 5

-   Abbau der Endsystemverbindung und damit implizit der Teilnehmerverbindung. Da die Transportschicht keine Multiplexfunktion enthält, sind Teilnehmerverbindung und Endsystemverbindung identisch. Die Dienstleistung zum Abbau einer Teilnehmerverbindung greift daher zurück auf die Dienstleistung der Schicht 3 zum Abbau einer Endsystemverbindung.

Die Dienste dieser Schicht sind:

-   CONNECT   Aufbau einer Teilnehmerverbindung

-   DATA   Übertragung von Daten

-   DISC   Abbau einer Teilnehmerverbindung

-   EXCEPTION (wahlfrei)   Meldung von Fehlern

9.2.2 Protokolldateneinheiten

Die Protokolldateneinheiten enthalten sog. funktionale Codes, die für
jede Blockart in ihrem Format festgelegt sind (s. Abb. 9.6) und
Parameter.

Längenanzeige	Blockart	Funktionales Codefeld (festes Format)	Parameterfeld oder Datenfeld (variables Format)

Oktett 1   Oktett 2   Oktett 3....N   Oktett N+1...M

Abb. 9.6: Struktur der →Transportprotokolldateneinheiten

Die Protokolldateneinheiten sind:

TCR: Transport connection request block
     (Transportverbindungsanforderungsblock)
     fordert die Gegenseite zum Aufbau einer Transportverbindung auf

     Funktionale Codes:
     - Quellenreferenz. Die Quellenreferenz dient der Identifizierung
       der Verbindung.
     - Protokollklasse

     wahlfreie Parameter:
     - erweiterte   Adressierung, ermöglicht die Adressierung von
       Prozessen
     - Transportblockdatengröße, dient der Aushandlung von Transport-
       datenblocklängen

TCA: Transport connection accept block
     (Transportverbindungsannahmeblock)
     bestätigt den Aufbau der angeforderten Transportverbindung

     Funktionale Codes:
     - Zielreferenz und Quellenreferenz, dienen der Identifizierung
       der Verbindung
     - Protokollklasse

     Parameter: entsprechend TCR

TCC: Transport connection clear block
     (Transportverbindungsauslösungsblock)
     lehnt den Aufbau der angeforderten Transportverbindung ab

     Funktionale Codes:
     - Zielreferenz, Quellenreferenz, Grund für die Auslösung

     wahlfreie Parameter:
     - Zusätzliche Auslösungsinformationen

TBR: Transport block reject block
     (Blockrückweisung)
     signalisiert einen Protokollfehler

     Funktionale Codes:
     - Zielreferenz, Grund für die Rückweisung

     Parameter (obligatorisch):
     - Blockrückweisung. Mit diesem Parameter wird das Bitmuster
       bis zu und einschließlich der Oktade, die die Rückweisung
       verursachte, angegeben.

TDT: Transport data block
     (Datenblock)
     überträgt Benutzerdaten

     Funktionale Codes:
     - TSDU-Endemarke, signalisiert das Ende einer Transportdatenein-
       heit

     - Daten

Hinweis: Die Teletex-Transportschicht kennt in der Basisklasse kein
Protokollelement zur Auflösung der Transportverbindung. Die Lebens-
dauer der Transportverbindung ist direkt an die Lebensdauer der
Endsystemverbindung gekoppelt.

9.2.3 Beispiel

Ablauf des Transportprotokolls bei der rufenden Station unter Annahme, daß keine Störungen auftreten:

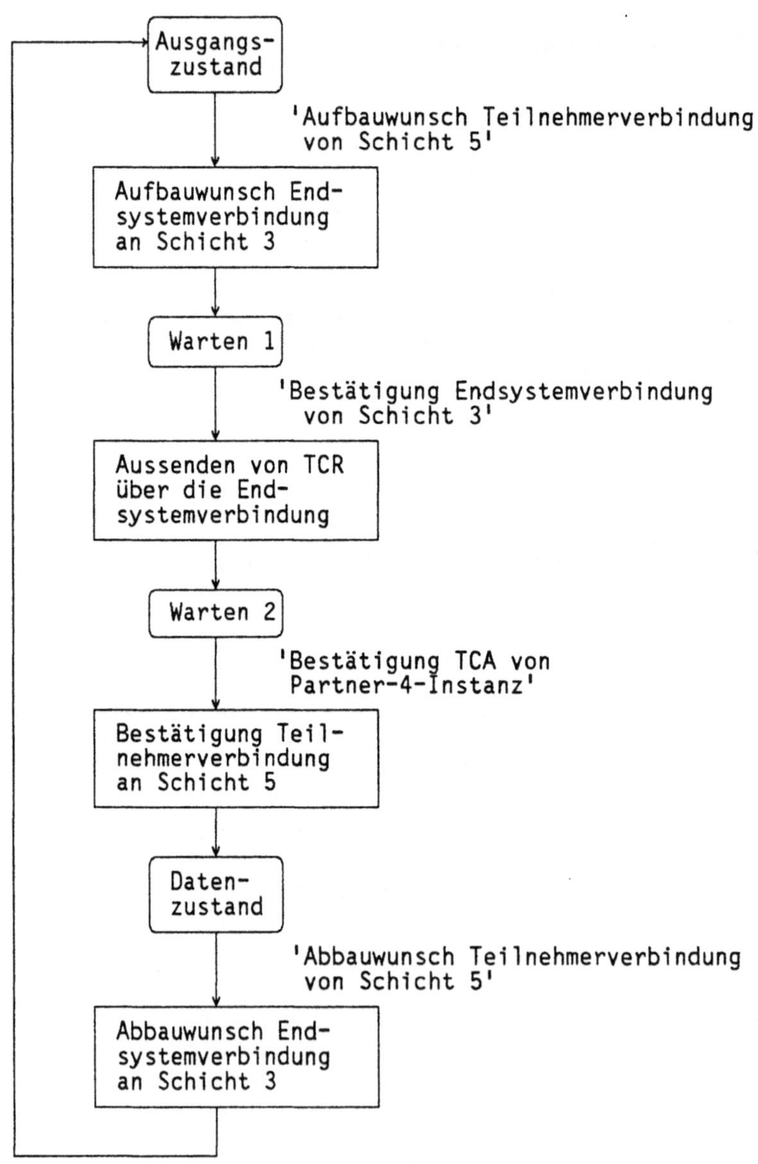

Abb. 9.7: Zustandsdiagramm für Auf- und Abbau einer Verbindung

9.3   Protokolle der Sitzungs- und der Dokumentenschicht

Diese sind beschrieben in der CCITT-Empfehlung T.62: 'Control Procedures for the Teletex Service'.

Die Kommunikationssteuerungsschicht, die Schicht 5 des ISO-Referenzmodells, ist bei Teletex zweistufig, nämlich durch die Sitzungs (session)- und darauf aufbauend durch die Dokumentenschicht definiert. Die Aufgabe der Sitzungs- und der Dokumentenschicht von Teletex ist also der organisierte, synchronisierte und gesicherte Transport von Daten. Das Teletex Sitzungs-Protokoll regelt den Auf- und Abbau einer Sitzung und die Kontrolle über Dokumente (d.h. das Recht, Dokumente zu senden), das Protokoll der Dokumentenschicht die Einzelheiten des Dokumententransportes und die Synchronisation innerhalb eines Dokumentes. Das Dokument von Teletex entspricht der 'activity' einer 'session' gemäß dem ISO-Protokoll. Vergleicht man allgemein die Teletex-Sitzung mit der ISO-Sitzung, stellt man fest, daß Teletex nicht nur die Sprachelemente für die Synchronisation definiert, sondern auch deren Gebrauch regelt. Da diese Festlegung bei der ISO dem Benutzer freisteht, kann man sagen, daß sich die Teletex-Sitzung über die ISO-Schichten 5 und 7 erstreckt (s. auch Kap. 7).

9.3.1 Grundsätzliche Eigenschaften

Hier werden die Struktur bzw. die Verteilung der Verantwortlichkeiten im Teletexprotokoll, das Parameter- und das Adressierungskonzept beschrieben.

Teletex ist geschaffen worden, um Dokumente zu übertragen und bietet deswegen eine einseitige (one way) Datenübermittlung. Wechselseitige (two way alternate) Datenübermittlung ist nur über den Austausch von Dokumenten in verschiedenen Richtungen möglich.

Die Strukur des Teletexprotokolls ist unsymmetrisch (s. Abb. 9.8): Der Initiator der Teilnehmerverbindung muß gleichzeitig Initiator der →Sitzung (session) sein; er kontrolliert die Sitzung während ihrer gesamten Dauer und baut sie auch wieder ab (session master).

Eine Sitzung ist weiter strukturiert in →Dokumente. Der Sitzungsinitiator hat zunächst das Recht, Dokumente zu eröffnen (→document master). Dieses Recht kann an den Partner abgegeben werden (CSCC-Kommando), allerdings nur außerhalb von Dokumentengrenzen. Mit einem wahlfreien Parameter 'Nachfrage nach Sitzungsfunktionen' kann das Recht, Dokumente zu eröffnen, angefordert werden. Es gibt aber keine Festlegung, daß dieser Anforderung entsprochen werden muß.

Der Initiator eines Dokuments hat die Verantwortung für den Ablauf des Dokuments und beendet es auch. Die Station, die das Recht hat, Dokumente zu senden (document master), behebt Fehler; die andere Station (→document slave) hat nur die Möglichkeit, Fehler zu melden. Dadurch ergibt sich ein einfacheres Protokoll; es werden Kollisionen vermieden.

Auch die Fehlerbehandlung ist unsymmetrisch:

Stellt der 'document master' Fehler fest, so behebt er sie und
meldet sie nicht an den slave;
stellt der 'document slave' Fehler fest, so meldet er sie an den
'document master' und dieser behebt sie.

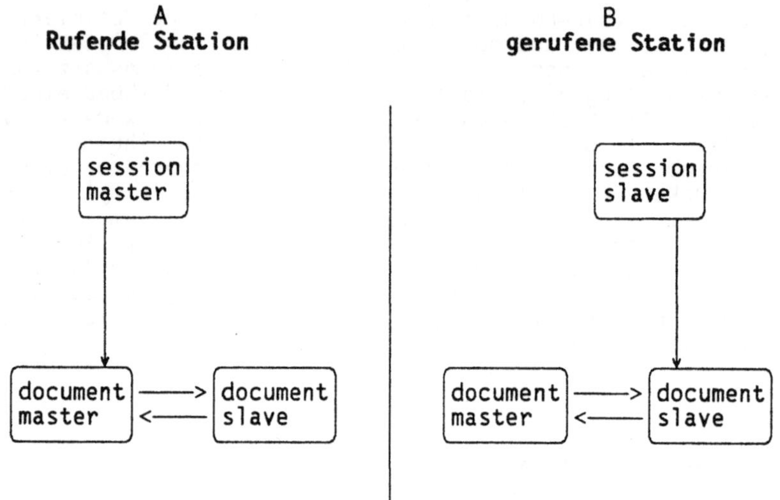

Abb. 9.8: Verteilung der Verantwortlichkeiten

Für die Parameter, die in Protokolldateneinheiten der Sitzungs- und
der Dokumentenschicht bei Teletex enthalten sind, gibt es grundsätzlich drei verschiedene Arten:

- mandatory: die Parameter sind zwingend vorgeschrieben

- optional: die Parameter können verwendet werden; eine Teletex-
               station kann sie ignorieren. Wenn sie verwendet
               werden, ist ihr Gebrauch genau festgelegt.

- private use: Bitkombinationen sind verfügbar zur Codierung von
               Parametern für private Nutzung.

Das Adressierungskonzept:

In den Basis-Transportfunktionen von Teletex sowie auch in der
Sitzungs- und Dokumentenschicht ist kein Multiplexen vorgesehen.
Daher ist eine Sitzung immer genau einer Teilnehmerverbindung und
diese genau einer Endsystemverbindung zugeordnet.

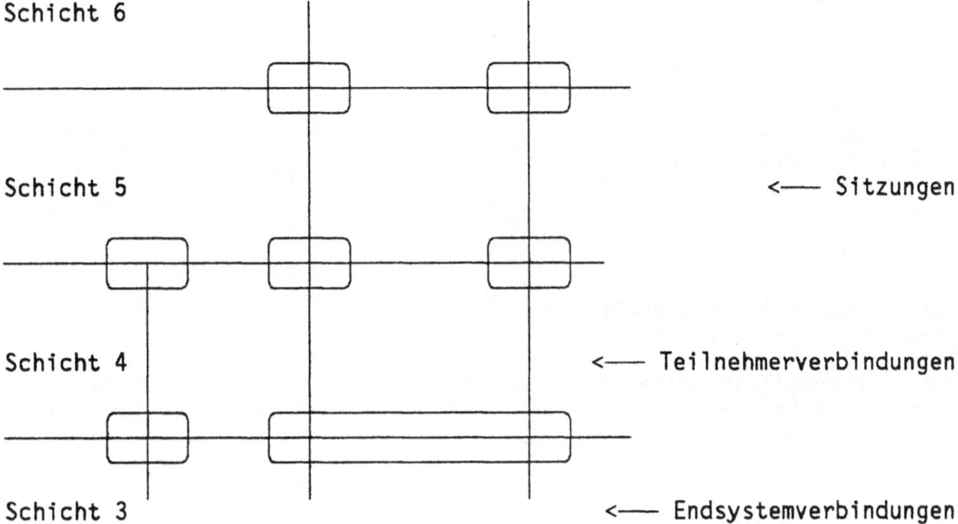

Abb. 9.9: Das Adressierungskonzept

Im Teletex-Basisdienst ist durch die Auswahl der Endsystemadresse
auch die Anwendung klar, nämlich Teletex. Hier kann eine Endsystemadresse nach oben nicht zu verschiedenen Anwendungen verzweigen.

Als optionaler Parameter ist für den Aufbau einer Sitzung ein 'service
identifier' vorgesehen, der - bei entsprechender Übereinstimmung
beider Partner - eine Auswahl des Dienstes (z. B. Teletex, Faksimile)
ermöglicht.

Im Basisdienst sind Endsystem und Teilnehmer identisch. Als zusätzliche Option sieht das Transportprotokoll die Auswahl eines Teilnehmers über eine 'extendend address' vor (mehrere Teilnehmerprozesse
in einem Endsystem).

9.3.2 Dienste und Funktionen

Die Sitzungs- und Dokumentenschicht stellen folgende Dienste zur
Verfügung:

- Aufbau einer Sitzung
- Abbau einer Sitzung
- Aushandlung von Fähigkeiten
- Austausch von Kontrollrechten
- Übertragen von Dokumenten
- Kontrolle des Datentransports
- Synchronisation
- Setzen von Wiederaufsetzpunkten (Prüfpunkten)
- Fehleranzeigen

9.3.3 Protokolldateneinheiten

Die Protokolldateneinheiten des 'session master' bzw. 'document
master' heißen **Kommandos** (commands), die des 'session slave' bzw.
'document slave' **Antworten** (responses).

→Protokolldateneinheiten der Teletex-Sitzungsschicht:

CSS   COMMAND SESSION START
        Initiieren einer Sitzung
        Parameter: Dienst-Identifizierer,   Adresse   der   rufenden
        Station, Datum und Uhrzeit, zusätzliche Referenznummer für die
        Sitzung, weitere optionale Parameter

RSSP   RESPONSE SESSION START POSITIVE
        Akzeptieren des Aufbauwunsches für eine Sitzung
        Parameter: entsprechend CSS, statt Adresse der rufenden
        Station nun Adresse der gerufenen Station

RSSN   RESPONSE SESSION START NEGATIVE
        Ablehnung eines Verbindungsaufbauwunsches
        Parameter: entsprechend CSS

CSE   COMMAND SESSION END
        Beenden einer Sitzung durch den 'session master', wenn er auch
        'document master' ist.
        Parameter: Wahlweise mit oder ohne Abbau der Teilnehmer-
        verbindung

RSEP   RESPONSE SESSION END POSITIVE
        Bestätigung eines Abbauwunsches

CSA   COMMAND SESSION ABORT
        Fehlerhafter Abbruch einer Sitzung; möglich durch beide Partner
        Parameter: Fehlergründe

RSAP   RESPONSE SESSION ABORT POSITIVE
        Bestätigung des fehlerhaften Abbruchs

CSUI   COMMAND SESSION USER INFORMATION
        Übertragung von Benutzerdaten aus der Dokumentenschicht, d. h.
        von Kommandos, Parametern und Informationen bzgl. Dokumente an
        den 'document slave'.

RSUI   RESPONSE SESSION USER INFORMATION
        Übertragung von Benutzerdaten aus der Dokumentenschicht (z. B.
        Anworten) an den 'document master'
        Parameter: Verlangt Master-Funktion (optional)

CSCC   COMMAND SESSION CHANGE CONTROL
        Übergabe des Senderechtes durch den 'document-master' an den
        'document-slave'. Diese Übergabe kann vom 'document slave' über
        Parameter in RSSP und RSUI verlangt werden. Die Übergabe ist
        nur außerhalb von Dokumentenbegrenzungen erlaubt.

RSCCP   RESPONSE SESSION CHANGE CONTROL POSITIVE
        Bestätigung der Übernahme des Senderechtes für Dokumente.

Die Kommandos CSS und CSE können nur vom 'session master' gegeben
werden; dagegen CSA, CSUI, CSCC von dem jeweiligen 'document master'.
Diese Zusammenhänge und die Übergabe des Senderechtes für Dokumente
zeigt die Abbildung 9.10.

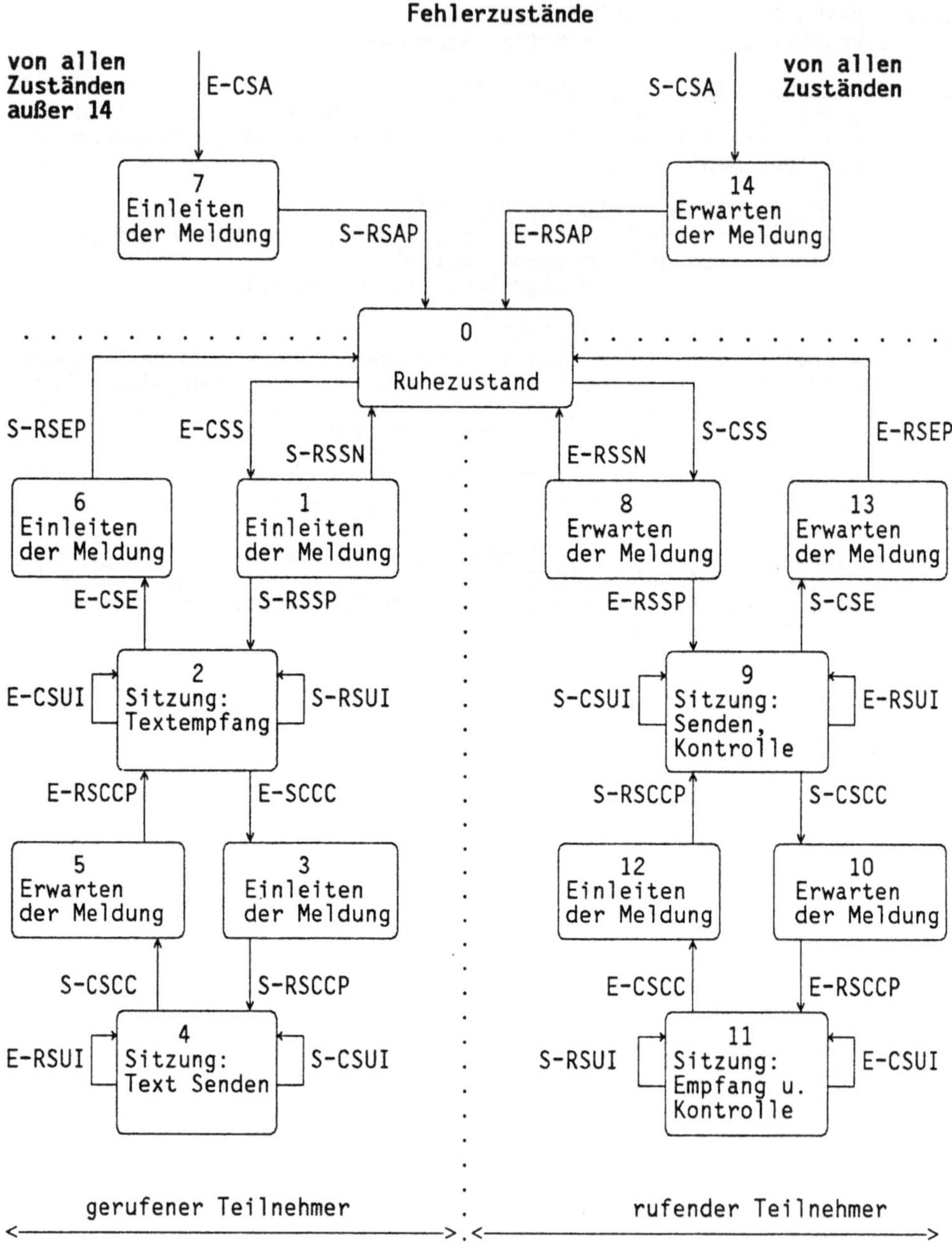

Abb. 9.10: Zustandsdiagramm für die Sitzungsschicht

→Protokolldateneinheiten für die Dokumentenschicht

CDS   COMMAND DOCUMENT START
       Beginn der Übertragung eines Dokumentes
       Parameter: Referenznummer für dieses Dokument zur eindeutigen
       Identifizierung

CDC   COMMAND DOCUMENT CONTINUE
       Fortsetzung der Übertragung eines Dokumentes, das vorher teil-
       weise übermittelt wurde
       Parameter: Identifizierungsinformation für das begonnene
       Dokument: Referenznummer des Prüfpunktes, Referenznummer und
       -information für das Dokument und die Sitzung

RDGR   RESPONSE DOCUMENT GENERAL REJECT
       Meldung eines Prozedurfehlers an den Sender. Dabei wird das
       Bit-Muster des fehlerhaft empfangenen Kommandos oder der
       Antwort zurückgeschickt.
       Parameter: Bit-Muster

CDCL   COMMAND DOCUMENT CAPABILITY LIST
       CDCL erlaubt es dem 'document master', sich über wahlfreie
       oder private Empfangsfähigkeiten des 'document slave' zu
       informieren

RDCLP   RESPONSE DOCUMENT CAPABILITY LIST POSITIVE
       Bestätigung von CDCL und Angabe der gewünschten Information

CDE   COMMAND DOCUMENT END
       Ende der Übertragung eines Dokumentes und damit Festlegung
       eines Prüfpunktes
       Parameter: Referenznummer des Prüfpunktes

RDEP   RESPONSE DOCUMENT END POSITIVE
       Bestätigung für den letzten Prüfpunkt
       Parameter: Referenznummer des Prüfpunktes

CDD   COMMAND DOCUMENT DISCARD
       Abnormale Beendigung eines Dokumentes. Der bisherige Teil des
       Dokumentes kann vergessen werden.
       Parameter: Fehlergründe

RDDP   RESPONSE DOCUMENT DISCARD POSITIVE
       Bestätigung des Abbruchs eines Dokumentes

CDR   COMMAND DOCUMENT RESYNCHRONISATION
       Meldung des Punktes, auf den resynchronisiert wird. Bei Ver-
       wendung innerhalb eines Dokumentes wird dieses Dokument
       abnormal beendet
       Parameter: Fehlergründe für die Beendigung des Dokumentes

RDRP   RESPONSE DOCUMENT RESYNCHRONISATION POSITIVE
       Positive Bestätigung von CDR

CDUI   COMMAND DOCUMENT USER INFORMATION
       Übertragung einer Texteinheit. Für die Übermittlung einer
       Teletexseite können mehrere CDUI verwendet werden.

CDPB   COMMAND DOCUMENT PAGE BOUNDARY
        Gibt dem Empfänger das Ende einer Seite an und fordert
        ihn auf, die Verantwortung für die vorher empfangene Seite zu
        übernehmen
        Parameter: Referenznummer des Prüfpunktes

RDPBP   RESPONSE DOCUMENT PAGE BOUNDARY POSITIVE
        Positive Bestätigung von CDPB
        Parameter: Referenznummer des Prüfpunktes; Anzeige, ob
        Speichergrenzen erreicht sind

RDPBN   RESPONSE DOCUMENT PAGE BOUNDARY NEGATIVE
        Negative Bestätigung von CDPB, d. h. die Verantwortung für die
        gesendete Seite kann nicht übernommen werden
        Parameter: Referenznummer des Prüfpunktes, Fehlergründe

Diese Protokolldateneinheiten werden im Datenfeld von CSUI bzw. RSUI
transportiert.

9.3.4 Fehlerbehandlung und Synchronisation

Während einer Sitzung sind die 'master'-Funktionen für die Sitzung selbst sowie für das Senden von Dokumenten – letztere mit der Möglichkeit zu wechseln – jeweils festgelegt. Diese Beziehungen müssen von den beiden kommunizierenden Stationen eingehalten werden. Bei Prozedurfehlern hierzu oder auch bei Ablauf der Zeitüberwachung (Inaktivität eines Partners von mehr als 60 sec) muß die Sitzung abnormal beendet und die Verbindung ausgelöst werden.

Für den Fall von Übertragungsfehlern, bei dem z. B. ein Dokument oder eine Seite unvollständig ankommt, ist →**Resynchronisation** durch Wiederholung von Seiten oder Dokumenten möglich. Im Basis-Teletexdienst darf eine Teletexseite nur einmal wiederholt werden.

Um eine erneute Synchronisation von Sender und Empfänger zu ermöglichen, werden vom Sender →**Prüfpunkte** (→**Wiederaufsetzpunkte**) gesetzt. Ein Prüfpunkt ist eine Markierung, eine Zahl, die in einem Textstrom als Referenzpunkt für die Fehlerbehandlung vergeben wird. Es muß an jeder Seitengrenze mit Hilfe des Kommandos CDPB ein Prüfpunkt eingefügt werden. Die Prüfpunktnummer ist eine Dezimalzahl, die innerhalb eines Dokumentes mit 001 beginnt und in Schritten von 1 hochgezählt wird.

Nach der Unterbrechung einer Dokumentenübertragung kann auf den Wiederaufsetzpunkt zur →**Synchronisation** innerhalb derselben Sitzung durch Prüfpunktnummer und Referenznummer des Dokumentes eindeutig Bezug genommen werden. Erfolgt die Fortsetzung nach der Unterbrechung in einer neuen Sitzung, wird zusätzlich Information angegeben, die die unterbrochene Sitzung identifiziert (Datum, Uhrzeit, Sender-/Empfängerendgerätekennung, evtl. Referenznummer).

Jeder gesendete Prüfpunkt muß bestätigt werden. Wird ein Kommando, das einen Prüfpunkt enthält (CDE, CDPB) negativ oder gar nicht quittiert, so muß der Sender die Übertragung des Dokumentes entweder mit CDR unterbrechen oder mit CDD abbrechen. Nach der positiven Bestätigung von CDR fährt der Sender mit CDC fort (Rücksetzen hinter den letzten positiv bestätigten Wiederaufsetzpunkt). Nach dem Abbruch eines Dokumentes wird mit CDS, d.h. mit der Wiederholung des ganzen Dokumentes, fortgefahren.

Für ein Dokument wird mit CDE ein abschließender Prüfpunkt gesetzt. Erst nach Quittierung von CDE darf der Sender mit der Übermittlung eines weiteren Dokumentes beginnen.

Um ein kontinuierliches Übertragen von Seiten eines Dokumentes zu ermöglichen, ist ein Fenstermechanismus für die Quittierung eingeführt. Das →**Fenster w** (→**window**) ist die maximale Anzahl von Prüfpunkten, die der Sender ohne Bestätigung durch den Empfänger übermitteln darf. Es ist w=3 im Basis-Teletexdienst. Soll eine andere Fenstergröße benutzt werden, kann dies für $1 \leq w \leq 255$ im CSS und RSSP ausgehandelt werden; w ist auf 3 voreingestellt. Damit ist auch eine gewisse Flußregelungsmöglichkeit gegeben.

Die Abbildungen 9.11 und 9.12 zeigen die Zustandsdiagramme für die Dokumentenübertragung für eine Fenstergröße w = 3.

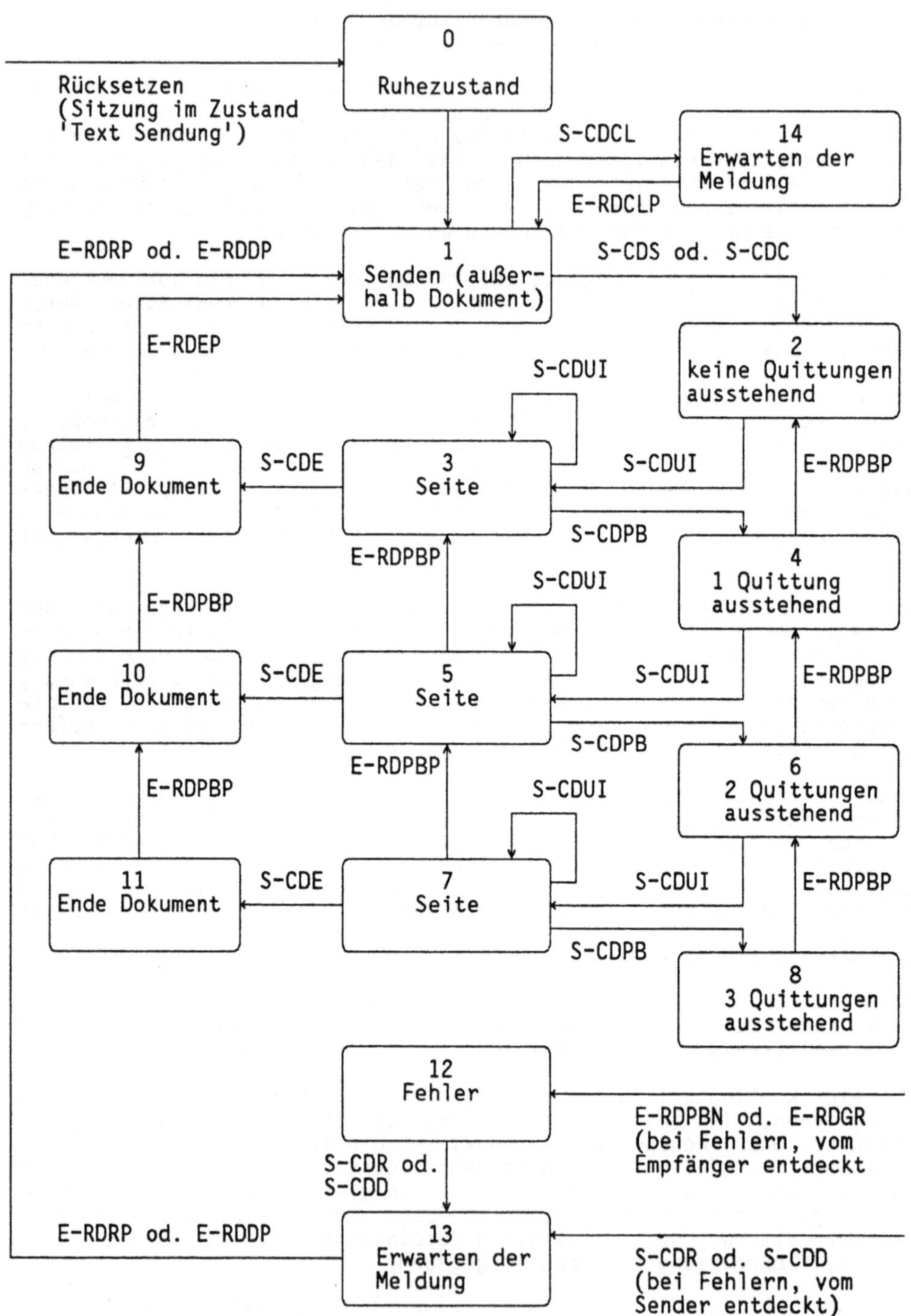

Abb. 9.11: Zustandsdiagramm für Dokumentenübertragung (Sender), w = 3

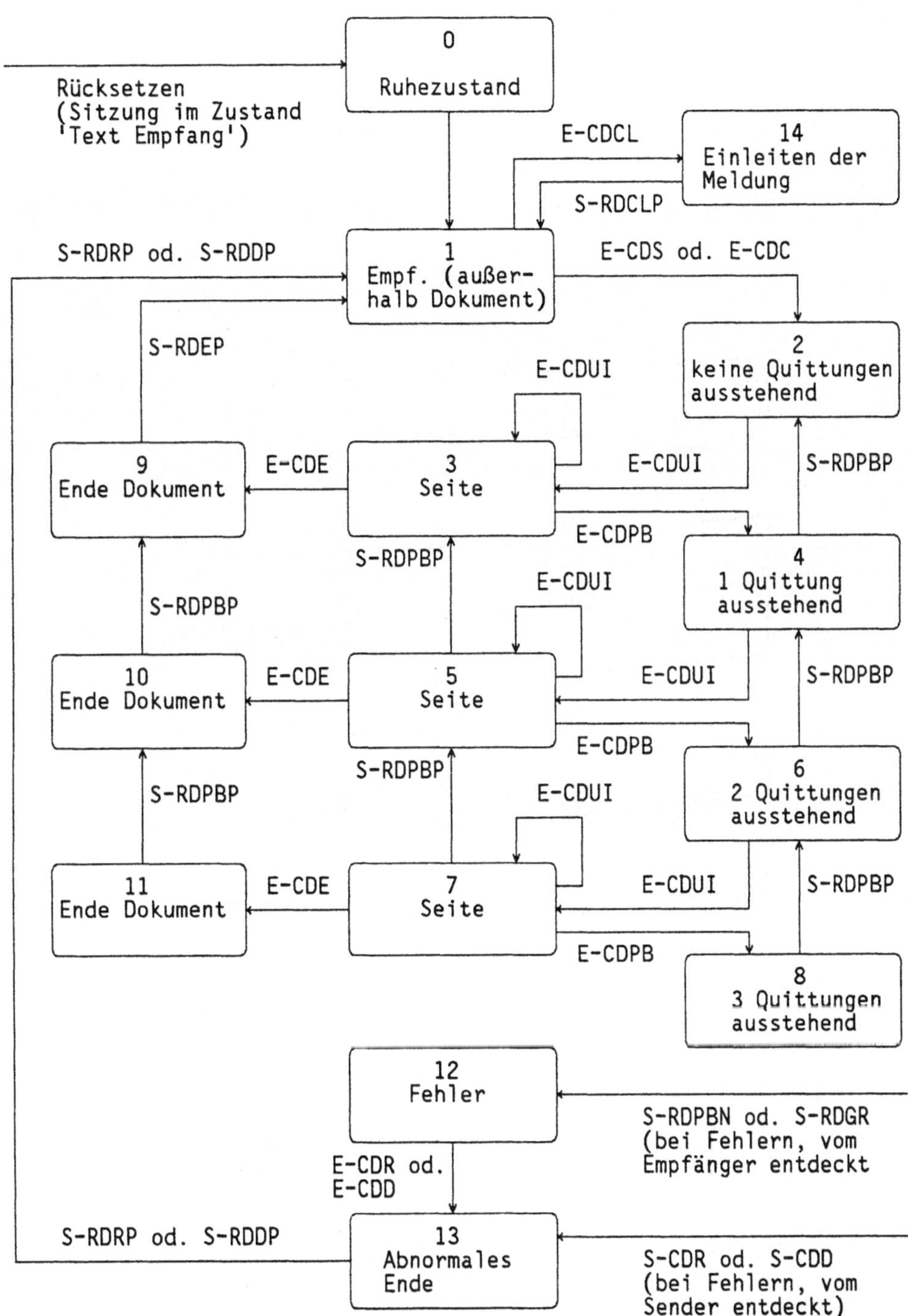

Abb. 9.12: Zustandsdiagramm für Dokumentenübertragung (Empfänger), w=3

9.3.5   Beispiele für den Protokollablauf

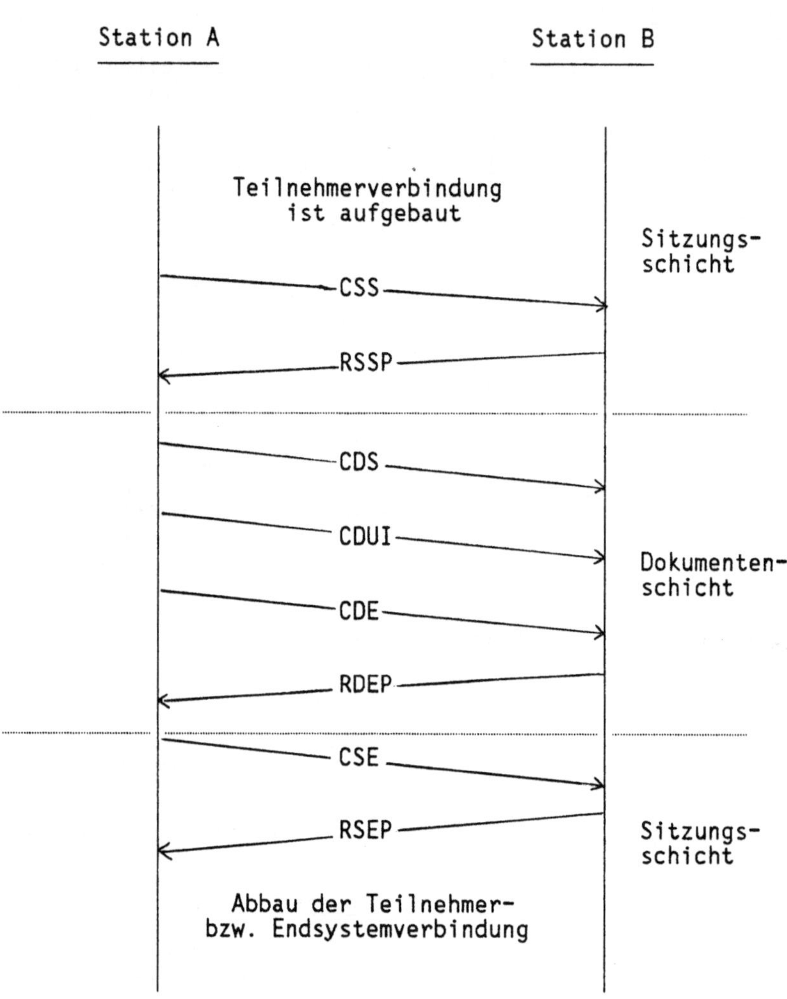

Abb. 9.13: Senden eines 1-seitigen Dokumentes

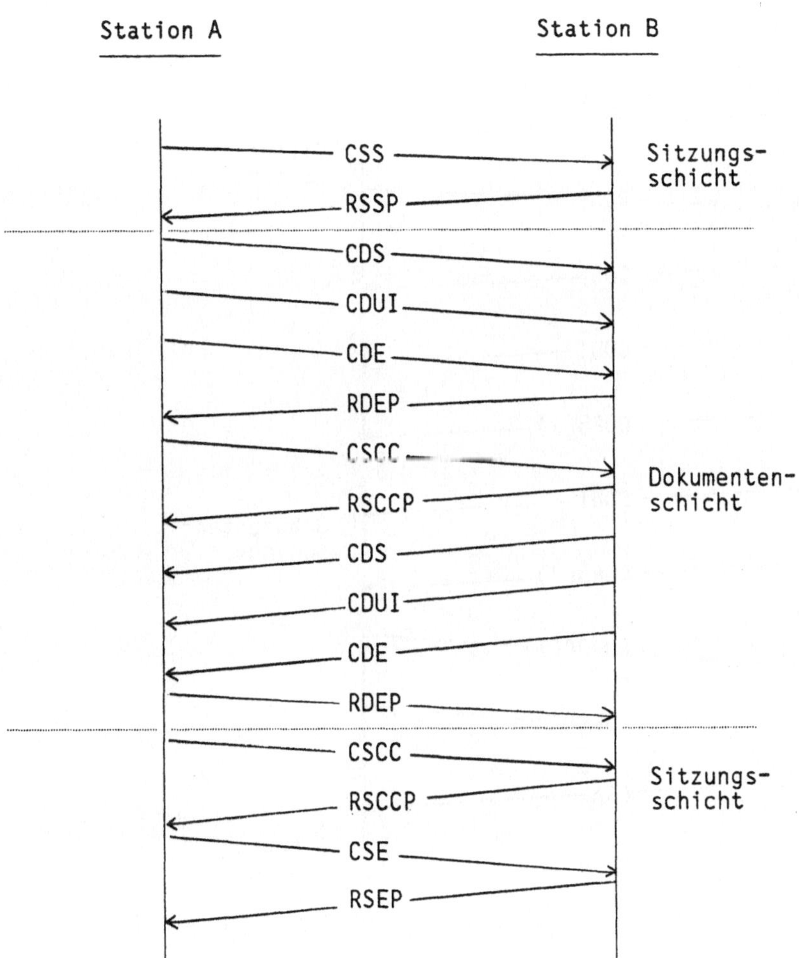

Abb. 9.14 : Senden eines Dokumentes von A nach B und von
B nach A.
Die Teilnehmerverbindung ist bereits aufgebaut.

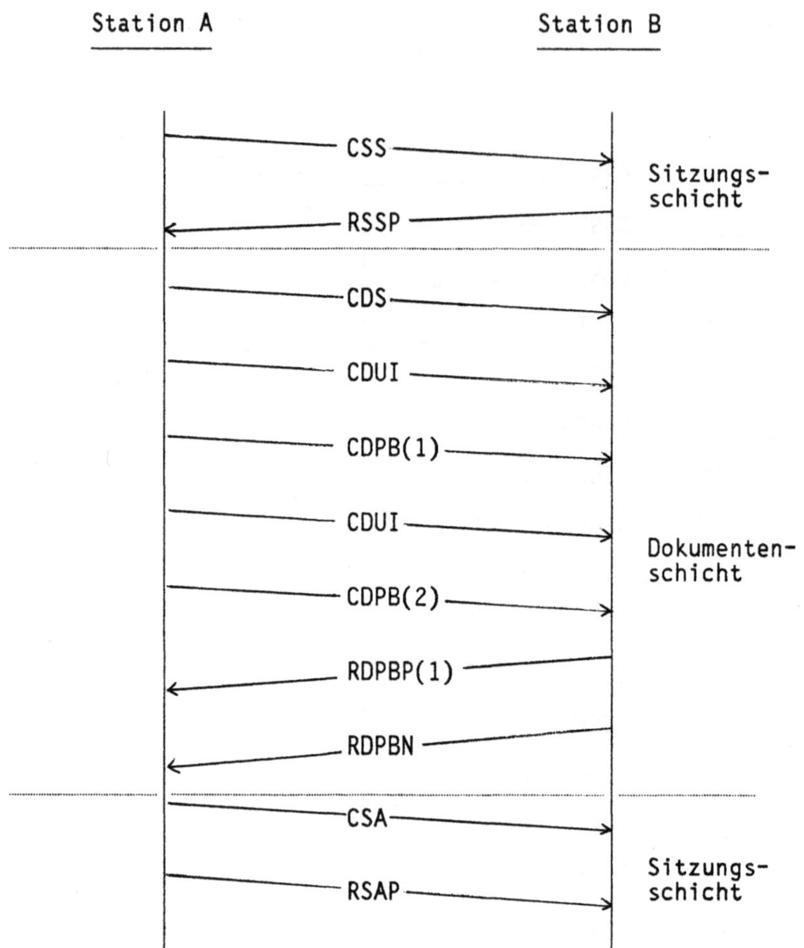

Abb. 9.15: Fehlerfall 1

Die erste gesendete Seite wird von der Station B positiv bestätigt,
die zweite negativ. Eine mögliche Reaktion ist, daß daraufhin B die
Sitzung fehlerhaft abbricht.

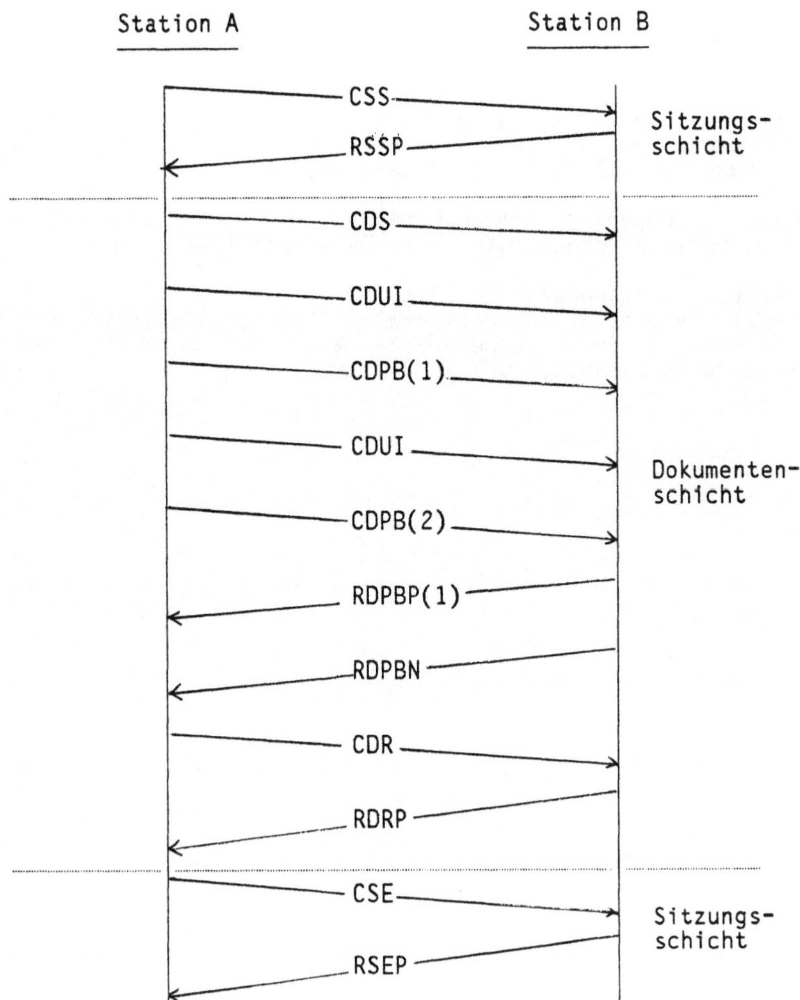

Abb. 9.16: Fehlerfall 2

Auch hier bestätigt B die erste gesendete Seite positiv, die zweite
z.B. wegen eines Prozedurfehlers negativ. A gibt daraufhin mit CDR den
Wiederaufsetzpunkt an, auf den resynchronisiert wird, d. h. das
begonnene Dokument wird abnormal beendet. Dies wird von B positiv
bestätigt. A könnte damit auf den in CDR angegebenen Prüfpunkt
zurücksetzen; in obigem Beispiel wird aber die Sitzung von A beendet.

9.4   Literatur

/CCITT 80/ Telegraph   and   Telematic   Services,   Terminal   Equipment
          Recommendations of the S and T Series, Yellow Book, Vol
          VII, Fascicle VII.2, CCITT, Geneva 1980

/FTZ 82/   Teletex   Endgerät   Rahmenwerte
          Fernmeldetechnisches Zentralamt, Darmstadt 1982

/Sche 81/ Schenke, K., Rüggeberg, R., Otto, J.
          Teletex, ein neuer internationaler Fernmeldedienst für die
          Textkommunikation,   Sonderdruck   aus   dem Jahrbuch der
          Deutschen Bundespost, 1981

10 Anwendungsdienste

10.1 Nachrichtenaustauschsysteme

10.1.1 Einleitung

Rechnerunterstützte Nachrichtenaustauschsysteme werden das bisherige
Angebot an Textkommunikationsdiensten wie z.B. Teletex und Bildschirmtext erweitern. Der Nachrichtenaustausch ist als Austausch von Nachrichten zwischen Personen gedacht und wird dadurch realisiert, daß
Personen adressierbarer Speicher entsprechend einem Briefkasten zugeordnet wird. Die in den Speicher eingetroffenen Mitteilungen werden
dem Benutzer zugänglich gemacht. Eine wichtige Form des Zugangs ist
die Möglichkeit des Benutzers, für ihn bestimmte Mitteilungen von
verschiedenen Orten aus abzurufen. Ein solches Nachrichtenaustauschsystem bietet nicht nur wie üblicherweise andere Systeme dieser Art
auch (z.B. Briefpost, Teletex) eine zeitliche Entkopplung zwischen dem
Empfang einer Nachricht im Speicher (Briefkasten) und der Übernahme
dieser Nachricht durch den Empfänger sondern auch die Möglichkeit, daß
der Empfänger Mitteilungen unabhängig von seinem jeweiligen Standort
entgegennehmen kann.

Nachrichtenaustauschsysteme existieren seit einiger Zeit auf privater
Basis und auf einen speziellen Benutzerkreis eingeschränkt (z.B.
Telemail, Envoy 100, Ontyme-II, TELECOM-GOLD, COMET, INFOMAIL, INTER-
COM, EARN, KOMEX). Die Bemühungen, einen solchen Dienst international
und allgemein verfügbar zu machen, haben dazu geführt, daß Standards
für Nachrichtenaustauschsysteme bei CCITT Study Group VII, bei ECMA
und bei ISO TC97 SC18 entwickelt werden. Vorarbeiten für diese
Standards wurden bei IFIP geleistet.

Ein Nachrichtenaustauschsystem wird bei CCITT ' →Message Handling
System' (→**MHS**), bei ISO ' →Message Oriented Text Interchange System'
(→**MOTIS**) und bei ECMA ' →Message Interchange Distributed Application'
(→**MIDA**), genannt.

Im folgenden werden die Empfehlungen von CCITT /CCI X.400/ bis
/CCI X.430/ und ihre Einbettung in die Schichtenstruktur des ISO-
Referenzmodells beschrieben. Diese sind am weitesten fortgeschritten
und haben den Ausgangspunkt für die Standardisierungsarbeiten in
anderen Bereichen gebildet.

10.1.2 Das MHS-Modell

In Abb. 10.1 ist eine funktionelle Übersicht über das **CCITT-Modell**
eines 'Message Handling System' gegeben.

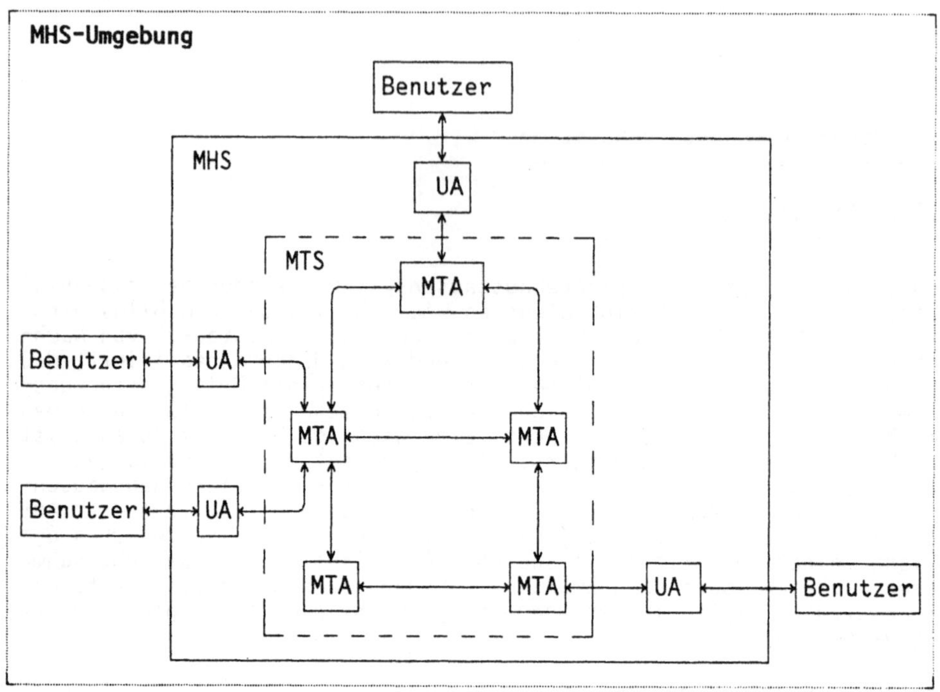

|←→| bezeichnet eine Interaktion

Abb. 10.1: Modell des CCITT-Nachrichtensystems /CCI X.400/

Die in Abb. 10.1 aufgeführten Komponenten haben folgende Bedeutung:

- **Benutzer** (user): Der 'user' ist entweder eine Person oder eine
  Computeranwendung. Er nutzt die Dienstleistungen des MHS, um Nachrichten zu senden und zu empfangen. Er wird im folgenden auch als
  Sender bzw. Empfänger bezeichnet. Der Begriff 'Nachricht' wird im
  folgenden für jede zu übertragende Informationseinheit verwendet,
  unabhängig davon, in welchem Zusammenhang sie behandelt wird, z.B.
  an der Benutzerschnittstelle oder im MTS.

- **UA** (→User Agent, Benutzer-Agent): Der UA ist ein Anwendungsprozeß,
  der mit dem Benutzer und dem MTS interagiert und so dem Benutzer die
  Leistungen des MHS verfügbar macht.

- **MTS** (→Message Transfer System, Nachrichtenübermittlungssystem): Das
  MTS nimmt Nachrichten von UAs entgegen, vermittelt sie und liefert
  sie an die beabsichtigten Empfänger-UAs aus.

- **MTA** (→Message Transfer Agent, Nachrichtenübermittlungs-Agent): Das
  MTS ist aus MTAs aufgebaut. MTAs übernehmen Nachrichten entweder von
  UAs oder von anderen MTAs und vermitteln sie weiter an die
  beabsichtigten Empfänger-UAs oder an weitere MTAs.

Dieser Systemaufbau ergibt aufgrund seiner Funktionalität eine
Strukturierung der Anwendungsschicht, nach der verschiedene Anwen-
dungsdienste (der MTAs und der UAs) in ihrem Zusammenspiel die
verteilte MHS-Anwendung darstellen (Abb. 10.2).

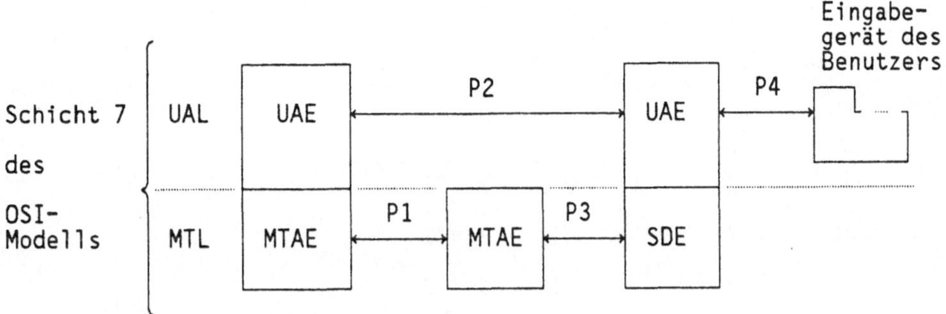

Abb. 10.2: Schichten und Protokolle des MHS

In der Anwendungsschicht eines MHS gibt es zwei Teilschichten, den
' →**Message Transfer Layer**' **(MTL)** und den ' →**User Agent Layer**' **(UAL)**.
Dem entsprechen zwei Dienstschnittstellen :

- die Dienstschnittstelle zum UAL

- die Dienstschnittstelle zum MTL

Gemäß der OSI-Terminologie werden die funktionellen Komponenten einer
Schicht bzw. Teilschicht Instanzen (Entities) genannt. So wird der UA
zur 'UA-Entity' (UAE). Der MTL enthält die 'Message Transfer Agent
Entities' (MTAE) und die 'Submission Delivery Entities' (SDE). Eine
SDE hat nur die Funktion, einen UA, der von seinem MTA räumlich
getrennt ist, mit dem MTA zu verbinden, wobei an der Schnittstelle
MTL/UAL nicht sichtbar ist, welche Instanz das Dienstprotokoll ab-
wickelt.

Die Protokolle, die im MHS definiert sind, sind in Abb. 10.2
P1, P2, P3 und P4 bezeichnet. Gegenstand der Standardisierungs-
bemühungen sind die Protokolle

- P1 : Protokoll, das zwischen MTAEs zur Vermittlung von Nachrichten
       abläuft. Die Gesamtheit der MTAEs, die über P1-Protokolle
       kommunizieren, zusammen mit unterlagerten Schichten des MTL,
       erbringen die Dienste des MTL.

- P2 : Protokoll, das zwischen UAE und UAE definiert ist und zusammen
       mit den unterlagerten Schichten die Dienste des UAL erbringt.

- P3 : Protokoll, das zwischen MTAE und SDE abgehandelt wird und die
       Dienste des MTL für die zugehörige UA-Instanz zugänglich macht.

P4 wird nicht standardisiert, weil CCITT den Zugang des Benutzers zu
seinem UA als nationale Angelegenheit betrachtet. Analog möchten die
ISO-Gremien verhindern, daß durch eine zu frühe Standardisierung von
P4 der Entwicklungsspielraum zu stark beschränkt wird.

Das Nachrichtenaustauschsystem ist als verteilte Anwendung in der
Schicht 7 des OSI-Modells lokalisiert. Wie es auf unterlagerte
Schichten aufsetzt, ist in Abbildung 10.3 dargestellt.

	UAL	X.420
Schicht 7	MTL	X.411
	RTL	X.410
Schicht 6	X.409	
Schicht 5	X.215, BAS	
Schicht 4	T.70	

Abb. 10.3: Schichtenstruktur des CCITT-MHS

Das Protokoll der Transportschicht ist T.70 bzw. die Klasse 0 von
DIN/ISO 8073, entsprechend der Klasse 0 von CCITT X.224 (s. Kap. 6).
In der Schicht 5 wird die Teilmenge BAS der Kommunikationssteuerungsdienste nach DIN/ISO 8326 bzw. CCITT X.215 realisiert (s. Kap. 7). Auf
die Protokolle der höheren Schichten wird im folgenden noch eingegangen.

10.1.3 Nachrichtenstruktur

Die zu sendende Nachricht ist gemäß den Schichten des Modells
strukturiert, d.h. jede Schicht übernimmt die Daten der überlagerten
Schicht, fügt Steuerinformation hinzu und gibt sie weiter an die
nächste Schicht.

Die Nachricht im MTL ist analog zum Brief in einen **Umschlag**
(→**envelope**) und den **Inhalt (→content)** strukturiert. Der Umschlag
beinhaltet die Steuerinformation des MTS; der Inhalt ist der Teil der
Nachricht, den ein Sender-UA einem Empfänger-UA zu übermitteln wünscht
(Abb. 10.4).

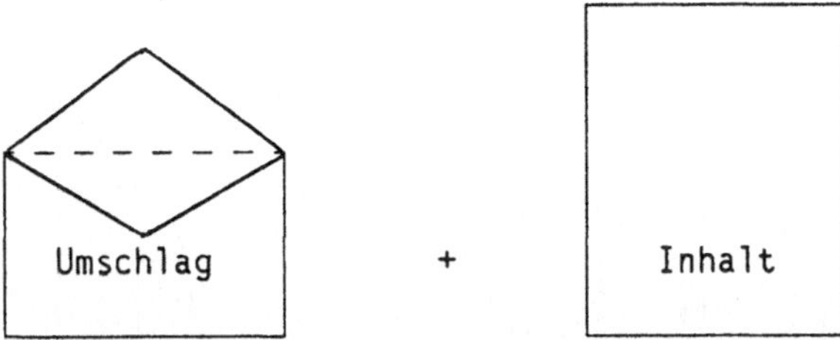

Abb. 10.4: Nachrichtenstruktur im MTL

Enthält der Inhalt Textinformation, also nicht nur Steuerinformation des UAL, so wird er als ' →**Interpersonal Message**' (→IPM) bezeichnet. Jede solche IPM ist wieder strukturiert in Kopf (Heading) und Körper (Body). (Abb. 10.5).

Abb. 10.5: Struktur einer 'Interpersonal Message'

10.1.4 Management Domains

Das MHS wird in Verantwortungsbereiche, ' →**Management Domains**' (MD), aufgeteilt. Es gibt ' →Administration Management Domains' (ADMD); das sind Teilnetze des MHS, die von den öffentlichen Verwaltungen, der Post, betrieben werden, und ' →Private Management Domains' (PRMD), die von privaten Gruppen, z.B. Firmen, betrieben werden. Grenzen zwischen diesen Organisationsbereichen liegen immer zwischen zwei MTAs. Das P1-Protokoll regelt also den Übergang zwischen 'Management Domains'. Die Unterscheidung zwischen 'Administrative Management Domains' und 'Private Management Domains' wird gemacht, weil sie Auswirkungen auf das Protokoll hat (z.B. auf die Adressierung).

In Abb. 10.6 ist eine prinzipielle Aufteilung des MHS in 'Mangement Domains' gezeigt.

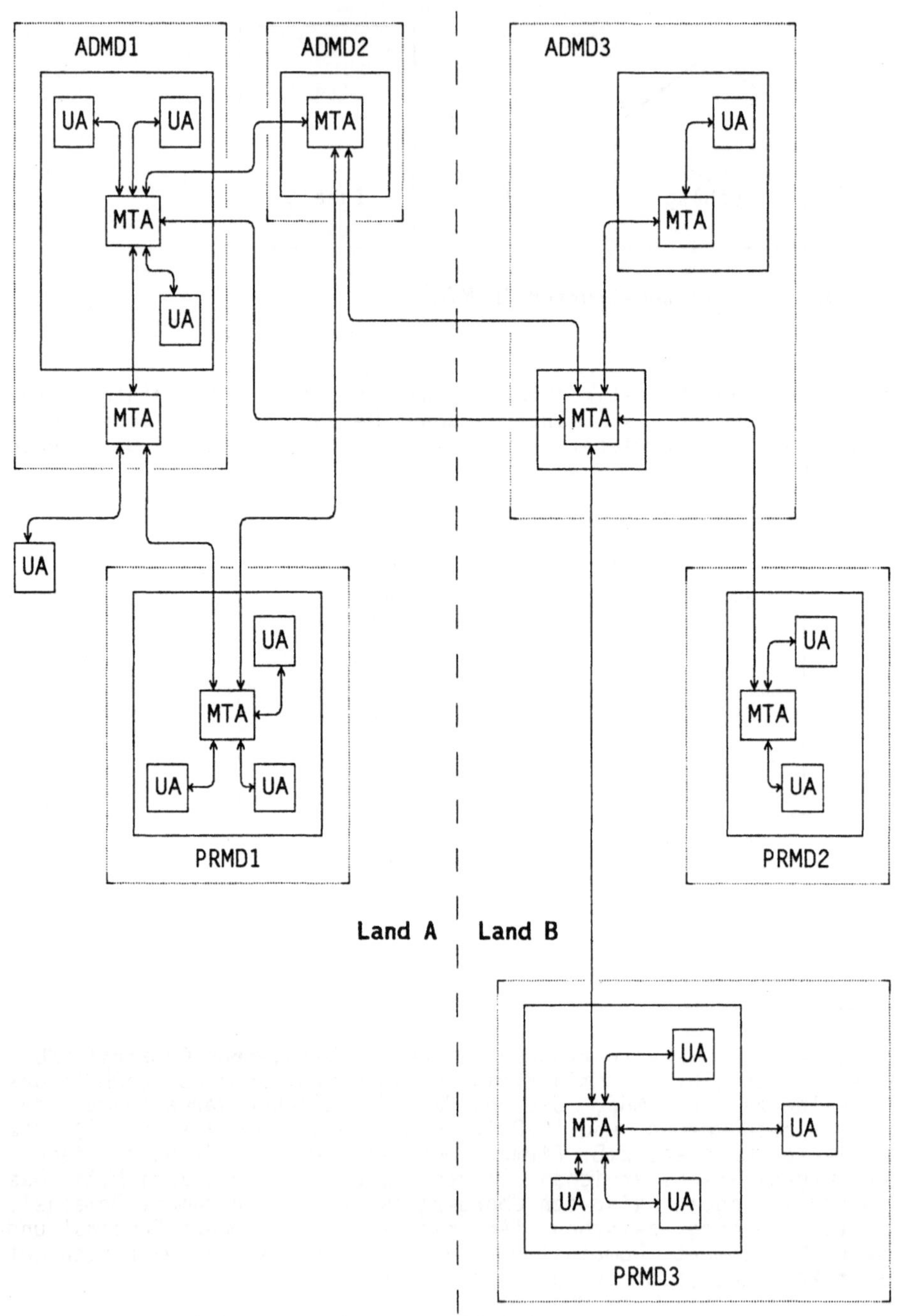

Abb. 10.6: Organisationseinheiten eines MHS

10.1.5 Namen und Adressen

Um die Adressierung im MHS zu beschreiben, müssen zunächst einige
Begriffe geklärt werden:

→**Name:**   Ein Name spezifiziert ein Objekt. Es werden unterschieden:

Primitiv-Name (primitive name): Ein Primitiv-Name wird
einem Objekt von einer Autorität, die für Namensvergabe
zuständig ist, zugeordnet. Dieses Objekt ist damit eindeutig in dem Bereich dieser Autorität bestimmt. Es darf
kein anderes Objekt in diesem Bereich geben, das denselben
Namen trägt.

Beschreibender Name (descriptive name): Ein beschreibender
Name kennzeichnet genau einen Benutzer des MHS. Beispiel:
Vizepräsident des Marketing der ABC Gesellschaft.

→**Adresse:** Eine Adresse kennzeichnet ein Objekt, indem sie angibt,
wo dieses Objekt lokalisiert ist. Eine Adresse ist also ein
Name. Ein Name ist aber nicht notwendig eine Adresse.

→**Attribute:** Attribute sind die Komponenten eines beschreibenden
Namens. Ein Attribut ist z.B. 'Vizepräsident'.

Im MHS-Zusammenhang sind Sender bzw. Empfänger die Objekte, die einen
Namen bzw. eine Adresse benötigen. Sender/Empfängernamen (Originator/
Recipient Names, →**O/R Names**) sind im Normalfall beschreibende Namen.
Zur Konstruktion von Sender/Empfängernamen wurden die Attribute
folgendermaßen klassifiziert:

- Persönliche Attribute
  z.B. Vorname, Nachname, Initialen, Unterscheidung von Generationen
  (jun, sen)

- Geografische Attribute
  z.B. Straßenname, Hausnummer, Name der Stadt, Name des Landkreises,
  Name des Landes

- Organisatorische Attribute
  z.B. Name der Organisation, Name der Organisationseinheit, Position
  oder Rolle

- Architekturelle Attribute
  z.B. X.121 Adresse, eindeutige Identifizierung des UA (nur numeri-
  sche Werte), Name der 'Administration Management Domain', Name der
  'Private Management Domain'

Aus diesen Attributen werden Sender/Empfängernamen des MHS gebildet.
Beispiele für erlaubte Empfängernamen im MHS sind:

- Sender/Empfängername bestehend aus:

  Name des Landes, Name der 'Administration Domain', [Name der
  'Private Domain'], [Name der Person], [Name der Organisation],
  [Name der Organisationseinheit], [Attribute, die für eine 'Manage-
  ment Domain' definiert sind]

- Sender/Empfängername besteht aus:

  Telematik-Adresse, [Telematik-Endgeräte-Kennung]

Die Telematik-Adresse ist dabei eine X.121 Adresse. Die Telematik-Endgeräte-Kennung kann z.B. eine Teletexendgerätekennung sein.

Anmerkung: Attribute in eckigen Klammern sind optional, sie müssen allerdings soweit angegeben werden, daß der Sender bzw. Empfänger eindeutig identifiziert werden kann.

10.1.6 MHS-Darstellungsschicht

Für die Darstellungsschicht eines CCITT-Nachrichtenvermittlungs-systems ist kein eigenes Protokoll definiert. Es gibt insbesondere damit auch keine Dienste und entsprechende Protokollelemente für das Aushandeln eines Kontextes (s. Kap. 8). In der CCITT-Empfehlung X.409 ist eine konkrete Transfersyntax festgelegt, die für MHS-Anwendungen die Darstellung der zu übertragenden Daten festlegt (s. auch 8.2.4, 8.2.5). Als Funktionsumfang der Darstellungsschicht verbleibt die lokale Transformation der Daten in diese und aus dieser konkreten Transfersyntax. Die Dienste der Schicht 5 stehen somit unmittelbar der Anwendungsschicht zur Verfügung.

10.1.7 MHS-Nutzung der Synchronisationsdienste

Die Kommunikationssteuerungsschicht stellt mit der Teilmenge BAS der Anwendung Dienste zur Steuerung der Kommunikation, insbesondere zur Synchronisation und zur Resynchronisation zur Verfügung. Die Durch-führung von Synchronisation und Resynchronisation selbst dagegen ist nicht Aufgabe der Schicht 5; sie ist anwendungsabhängig (s. Kap. 7).

In einem MHS ist für die Schicht 7 als unterste Teilschicht ein **'Reliable Transfer Layer'** (RTL) definiert. Die Aufgabe der RTL-Instanzen, des ' →**Reliable Transfer Servers'**, ist es, für eine zuver-lässige Übermittlung von Nachrichten zwischen MTAs bzw. SDEs unter MHS-spezifischer Benutzung der BAS-Kommunikationssteuerungsdienste zu sorgen (s. Abb. 10.2 und 10.3).

Die Dienste, die durch den 'Reliable Transfer Server' dem 'Message Transfer Layer' angeboten werden, sind in der Tabelle 10.7 zusammen-gestellt.

Dienst	Typ	Parameter
OPEN	bestätigt	Adresse, einseitige oder wechselseitige Kommunikation, Erstzuordnung Berechtigungsmarken, Kennz. des Anwendungsprotokolls, Benutzerdaten
CLOSE	bestätigt	-
TURN-PLEASE	unbestätigt	Priorität
TURN-GIVE	unbestätigt	-
TRANSFER	unbestätigt	Benutzerdaten
EXCEPTION	Dienst- erbringer initiiert	Die Benutzerdaten, die in der vorgegebenen Zeit nicht übermittelt werden konnten

Abb. 10.7: Dienste des 'Reliable Transfer Server'

Der Dienst 'OPEN' bewirkt, daß durch Abbildung auf den S-CONNECT-Dienst eine Sitzung zwischen zwei RTS-Instanzen eröffnet wird. Über den Benutzerdaten-Parameter von S-CONNECT wird zwischen den RTS-Instanzen auch eine →**Fenstergröße** (maximale Anzahl von unbestätigten Nebensynchronisationspunkten) und eine →**Synchronisationspunkt-Größe** (maximale Anzahl von Daten, in Einheiten von 1024 Oktaden, zwischen zwei Nebensynchronisationspunkten) ausgehandelt.

Für den Datentransfer wird jede Anwendungs-Protokolldateneinheit auf genau eine Aktivität der Kommunikationssteuerungsschicht abgebildet. Eine solche Aktivität wird als einzelne Dienstdateneinheit an die Schicht 5 übergeben, wenn keine Synchronisation benutzt wird (Synchronisationspunkt-Größe 0) oder wenn die Datenlänge kürzer als die Synchronisationspunkt-Größe ist. Im anderen Fall wird sie in mehrere Dienstdateneinheiten unterteilt, getrennt durch Nebensynchronisationspunkte (S-SYNC-MINOR). Ist eine Anwendungs-Protokolldateneinheit vollständig übertragen, wird die zugehörige Aktivität mit S-ACTIVITY-END beendet. Kann die empfangende RTS-Instanz diese Dateneinheit nicht vollständig abnehmen, so lehnt sie die Bestätigigung von S-ACTIVITY-END mit S-U-EXCEPTION-REPORT oder S-U-ABORT ab.

Berechtigungsmarken für die Benutzung der Kommunikationssteuerungsdienste können in MHS-Anwendungen immer nur in ihrer Gesamtheit angefordert und übergeben werden.

10.1.8   Funktionen der Dienste von MTL und UAL

Die Dienste, die im MHS verfügbar gemacht werden, gruppieren sich in
die des 'Message Transfer Layer' und die des 'User Agent Layer'.

Dienste des MTL:
Der MTA nimmt eine Dienstanforderung des UA entgegen und erbringt den
geforderten Dienst ggf. in Kooperation mit anderen MTAs. Die zum UAL
angebotenen Dienstleistungen sind in der Tabelle 10.8 zusammengestellt.

Dienste des UAL:
Der UA nimmt eine Mitteilung des Benutzers entgegen und übermittelt
sie mit Hilfe der unterlagerten Schichten zu dem gewünschten Empfän-
ger-UA. Die Leistungen, die diese Dienste dem Benutzer für die
Übermittlung bereitstellen, sind in Tabelle 10.9 aufgeführt. Die
Kommunikation von Personen durch Nachrichtenaustausch wird mit 'Inter-
personal Messaging' (IPM) und der Dienst, der dieses ermöglicht mit
'Interpersonal Messaging Service' bezeichnet.

10.1.9 Dienste des MTL

Im vorangehenden Kapitel wurde beschrieben, was das MHS leisten soll,
welche Funktionalität die Dienste des MHS liefern. Aus einer solchen
Leistungsbeschreibung und dem Modell können Dienstprotokolle an den
vorhandenen Dienstschnittstellen abgeleitet werden.

Für die Dienstschnittstelle zwischen dem Endbenutzer und der UA-Teil-
schicht sind keine Dienstelemente definiert.

Für den UAL/MTL-Schnitt sind die Dienste in der Tabelle 10.10
zusammengestellt. Es ist hier zu berücksichtigen, daß der 'Interpersonal Messaging Service' zwischen den UAs als verteilte Anwendung
durch Vermittlung im allgemeinen mehrerer MTA's realisiert ist. Die
Nachrichten werden in **'store-and-forward'-Technik** von MTA zu MTA
übertragen. Die Protokolle P1 und P3 sind jeweils zwischen zwei
benachbarten Instanzen definiert. Das hat zur Folge, initiiert eine
UAE einen Dienst und erhält darauf eine Bestätigung, so ist dies eine
Bestätigung der zugehörigen MTAE (oder SDE), daß der Auftrag angenommen wurde und weitergeleitet wird. Die Bestätigung bedeutet nicht
bereits Durchführung bis zu der Empfänger-UAE. Aus diesem Grund ist
auch ein gesondertes Dienstelement NOTIFY für die Rückmeldung an eine
Sender-UAE erforderlich, daß eine früher abgelieferte Nachricht beim
Empfänger angekommen ist.

Klassifizierung	Dienstfunktion

Basic	**Access Management** (regelt Zugang MTA <-> UA)
	Content Type Indication (Anzeige des Inhalt-Typs)
	Converted Indication (Konvertierungs-Anzeige)
	Delivery Time Stamp Indication (Zeitstempel für die
	    Auslieferung der IPM vom MTL an UA)
	Message Identification (Identifizierung der Nachricht)
	Non-Delivery Notification (Benachrichtigung, daß
	    eine Nachricht nicht abgeliefert werden konnte)
	Original Encoded Information Types Indication (An-
	    gabe, welchen Codierungstyp eine Nachricht bei
	    ihrer Erstellung hatte)
	Registered Encoded Information Types (Registrierung
	    von Codierungstypen, die ein UA während eines
	    bestimmten Zeitraumes entgegennehmen kann)
	Submission Time Stamp Indication (Zeitstempel für
	    die Übergabe einer Nachricht von UA an MTL)

Submission and Delivery (Übergabe einer Nachricht vom UA an den MTL und Auslieferung vom MTL an den UA)	**Alternate Recipient Allowed** (Ersatzempfänger zulässig)
	Deferred Delivery (die Nachricht wird erst nach
	    einem bestimmten Zeitpunkt ausgeliefert)
	Deferred Delivery Cancellation (der UA kann vom
	    MTL die Löschung einer Nachricht, die noch
	    nicht ausgeliefert wurde (wegen 'Deferred De-
	    livery') verlangen)
	Delivery Notification (Auslieferungsbestätigung für
	    eine Nachricht)
	Disclosure of Other Recipients (Bekanntgabe der
	    anderen Empfänger einer Nachricht)
	Grade of Delivery Selection (der UA kann wählen
	    zwischen verschiedenen Dringlichkeitsstufen in
	    der Übermittlung seiner Nachricht)
	Multi-Destination Delivery (Auslieferung einer
	    Nachricht an mehrere Empfänger)
	Prevention of Non-Delivery Notification (Unter-
	    drücken der Non-Delivery Notification)
	Return of Contents (der UA kann fordern, daß im Falle
	    einer 'Non-Delivery Notification' der 'Content'
	    der zugehörigen Nachricht mitgeliefert wird)

Conversion (Konvertierung)	**Conversion Prohibition** (Verbot von Konvertierungen)
	Explicit Conversion (Anforderung einer speziellen
	    Konvertierung)
	Implicit Conversion (erlaubt dem MTS jede notwendige
	    Konvertierung, ohne explizite Anforderung in
	    einer Nachricht)

Query	**Probe** (Die Übermittlung einer Probenachricht)

Status and Inform (Zustands-angaben und Hinweise)	**Alternate Recipient Assignment** (Zuordnung eines
	    Ersatzempfängers)
	Hold for Delivery (Anforderung an den MTL, eine Nach-
	    richt zu speichern, bis der UA in der Lage ist,
	    sie entgegenzunehmen.)

Tabelle 10.8: Dienstleistungen des MTL

Klassifizierung	Dienstfunktion
Basic	**Basic MT Service Elements** (s. Tabelle 10.8) **IP-Message Identification** (Identifizierung der IP-Nachricht) **Typed Body** (Typ der übertragenen Nachricht z.B. Teletex)
Submission and Delivery and Conversion	s. Tabelle 10.8, da dies Dienstbestandteile des MTL sind
Cooperating IPM UA Action (Aktion eines kooperierenden IPM-UAs)	**Blind Copy Recipient Indication** (der Sender-UA kann Blindkopien einer Nachricht verschicken. Der Name des Empfängers einer Blindkopie wird den übrigen Empfängern nicht bekannt gegeben) **Non-Receipt Notification** (der Sender kann eine Benachrichtigung anfordern, wenn der vorgesehene Empfänger nicht erreicht wurde **Receipt Notification** (der Sender kann eine Benachrichtigung anfordern, wenn die Nachricht vom vorgesehenen Empfänger entgegengenommen wurde) **Auto-Forwarded Indication** (Benachrichtigung, daß die Nachricht an einen Ersatzempfänger ausgeliefert wurde)
Cooperating IPM UA Information Conveying (kooperierender IPM-UA, der Informationen austauscht)	**Originator Indication** (Anzeige des Absenders) **Authorizing Users Indication** (Anzeige des Verantwortlichen) **Primary and Copy Recipients Indication** (Anzeige der Erstempfänger und der Empfänger von Kopien) **Expiry Date Indication** (Anzeige des Verfallszeitpunktes) **Cross Referencing Indication** (Anzeige der Querverweise) **Importance-Indication** (Anzeige der Wichtigkeit) **Obsoleting Indication** (Anzeige des Ungültigwerdens) **Sensitivity Indication** (Anzeige der Vertraulichkeit) **Subject Indication** (Anzeige des Betreffs) **Replying IP-Message Indication** (Anzeige des Bezuges) **Reply Request Indication** (Anzeige zur Antwortaufforderung) **Forwarded IP-Message Indication** (Anzeige über weitergeleitete Mitteilung) **Body Part Encryption Indication** (Anzeige über Verschlüsselung des Textteiles der Nachricht) **Multi-Part Body** (Mitteilung besteht aus mehreren Textteilen)
Query	Dienstbestandteile des MTL, s. Tabelle 10.8
Status and Inform	Dienstbestandteile des MTL, s. Tabelle 10.8

Tabelle 10.9: Dienstleistungen des UAL

Dienst	Typ	Beschreibung
LOGON	UAE —> MTAE bestätigt	UAE meldet bei der MTAE den Beginn einer Interaktion an
LOGON	UAE <— MTAE bestätigt	MTAE meldet bei der UAE den Beginn einer Interaktion an
LOGOFF	UAE —> MTAE bestätigt	Die UAE beendet eine Interaktion mit ihrer MTAE
REGISTER	UAE —> MTAE bestätigt	Die UAE meldet die Änderung einiger ihrer Attribute, z.B. Änderung des O/R-Namens, max. akzeptierte Länge einer Nachricht
CONTROL	UAE —> MTAE bestätigt	Beschreibt die Nachrichten, die die MTAE so lange zurückhalten soll, bis sie von der UAE abgerufen werden
CONTROL	UAE <— MTAE bestätigt	Beschreibt die Nachrichten, welche die MTAE von der UAE zur Weitersendung annehmen kann
SUBMIT	UAE —> MTAE bestätigt	Die UAE übergibt der MTAE eine Nachricht zur Weitersendung an einen oder mehrere Empfänger. In den Parametern von SUBMIT.request wird außer der Senderadresse, den Empfängeradressen und dem Nachrichtentext im wesentlichen die gewünschte Auswahl der Dienstfunktionen beschrieben, die in der Tabelle 10.8 zusammengestellt sind. Mit SUBMIT.confirm bestätigt die MTAE die Übernahme der Nachricht oder gibt den Grund für die Ablehnung an
PROBE	UAE —> MTAE bestätigt	Die UAE schickt eine Probenachricht an einen oder mehrere Empfänger. Aus dem Ergebnis, das durch die 'Delivery' bzw. 'Non-Delivery Notification' zurückgeliefert wird, kann geschlossen werden, was mit einer Nachricht mit den gleichen Parametern geschehen wird
DELIVER	UAE <— MTAE unbestätigt	Eine Nachricht wird bei der Empfänger-UAE ausgeliefert
NOTIFY	UAE <— MTAE unbestätigt	Die UAE wird informiert, was mit einer früher von ihr gesendeten Nachricht geschehen ist
CANCEL	UAE —> MTAE bestätigt	Die UAE gibt den Auftrag, eine abgeschickte Nachricht, die erst zu einem späteren Zeitpunkt ausgeliefert werden soll, wieder zu löschen
CHANGE-PASSWORD	UAE —> MTAE bestätigt	Das LOGON-Paßwort für die UAE wird geändert
CHANGE-PASSWORD	UAE <— MTAE unbestätigt	Das Paßwort der MTAE für diese UAE wird geändert

Tabelle 10.10: Dienste des MTL

10.1.10 Die Protokolle des MTL

Das **Protokoll P3** (→Submission and Delivery Protocol) ist für die
Kommunikation zwischen SDE und MTAE für den Fall definiert, in dem UAE
und zugehörige MTAE in verschiedenen Endsystemen sind. Es hat im
wesentlichen die Aufgabe, die Dienstelemente, die zwischen UAE und
MTAE ausgetauscht werden (s. Tab. 10.10), zur entfernten MTAE zu
schicken bzw. umgekehrt von ihr entgegenzunehmen. Nur die LOGON- und
LOGOFF-Dienstelemente werden nicht über P3-Protokolldateneinheiten
gesendet, sondern direkt auf OPEN und CLOSE des unterlagerten
'Reliable Transfer Servers' abgebildet. Wie schon in 10.1.2 erwähnt,
ist mit diesen 'remote operations' der SDE für die UAE nicht mehr
sichtbar, ob sie mit einer lokalen oder einer entfernten MTAE
verbunden ist.

Das **Protokoll P1** (→Message Transfer Protocol) definiert die Kommunikation zwischen MTAE und MTAE und zwar zwischen MTAEs an den Grenzen
von 'Management Domains'. Dies sind z.B. zwei MTAEs, die zu verschiedenen 'Administrative Management Domains' gehören bzw. eine MTAE
einer 'Private Management Domain', die andere in einer 'Administrative
Management Domain'. Das Protokoll, das zwischen MTAEs innerhalb einer
'Management Domain' abläuft, wird vom CCITT nicht festgelegt. Man kann
aber davon ausgehen. daß diese Protokolle auch P1 entsprechen. Die
angeforderten Dienste werden damit durch die Gesamtheit der zwischen
Sender und Empfänger eingeschalteten MTAEs und den zwischen ihnen
abgewickelten Protokollen erbracht (Store and Forward, s. Abb. 10.11).
Über das Protokoll P1 wird die Information transportiert, die aus den
Dienstanforderungen der UAE an den MTL resultieren und außerdem
Informationen, die dazu dienen, den Nachrichtenfluß zwischen MTAEs zu
regeln (Wegewahl).

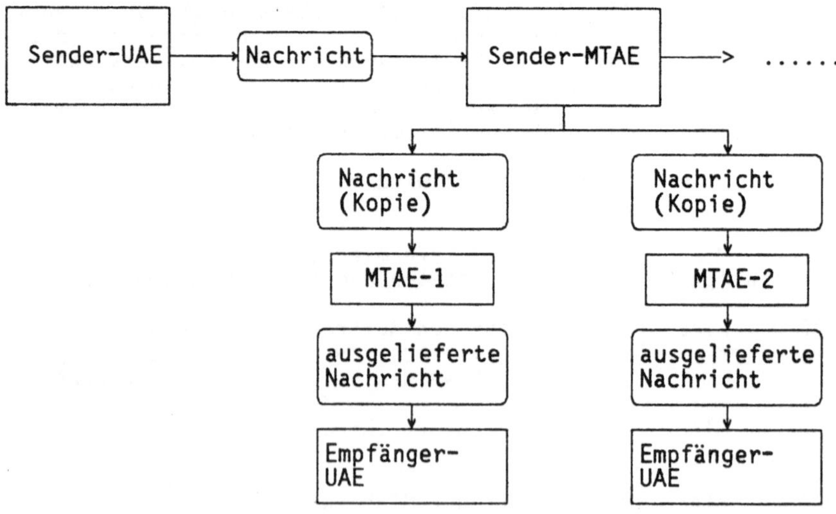

Abb. 10.11: Wegewahl bei mehreren Empfängern

10.1.11 Die Protokolle des UAL

UAEs kooperieren miteinander zum Austausch von ' →Interpersonal Mes-
sages' unter Anwendung des **Protokolls P2** (→Interpersonal Messaging
Protocol).

In Abbildung 10.12 ist die Struktur der Protokolldateneinheiten dieses
Protokolls dargestellt. Es gibt unterschiedliche Protokolldateneinheiten für Benutzernachrichten und für Zustandsinformationen über die
gesendete Benutzernachricht, z.B., daß diese Nachricht nicht abgeliefert werden konnte.

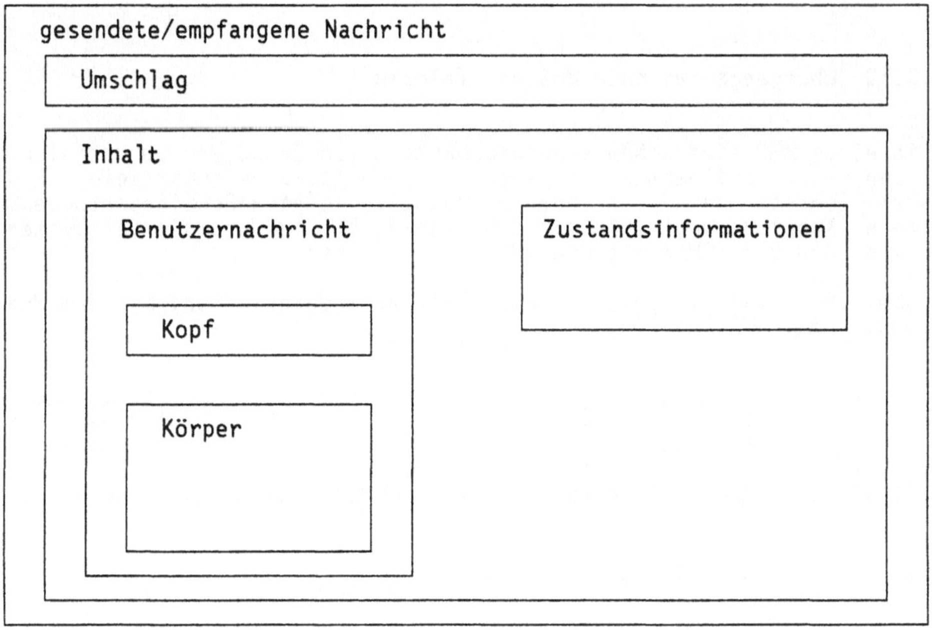

gesendete/empfangene Nachricht

Umschlag

Inhalt

Benutzernachricht

Zustandsinformationen

Kopf

Körper

Abb. 10.12: Struktur der P2-Protokolldateneinheiten

Der Inhalt des Kopfes (heading) einer Benutzernachricht ist durch P2
genau definiert; der Körper (body) wird transparent übertragen.

Im UAL wird außerdem die Struktur der übertragenen Dokumente festgelegt. Das sind Festlegungen, die den Körper betreffen. Dem Körper
ist der Typ des Körpers (body type) vorangestellt. Dort wird z.B.
angegeben, daß der Körper nach den Konventionen von Teletex, Videotex,
Gruppe3-Faksimile oder nach anderen Konventionen aufgebaut ist.

Speziell für MHS wurde der Typ ' →**Simple Formatable Document**' (→**SFD)**
entwickelt. SFD bietet die Möglichkeit, daß der Sender eine einfache
logische Struktur angibt, so daß der Empfänger das Dokument den
Möglichkeiten seiner Ausgabeeinrichtung entsprechend formatieren kann.

Ein solches Dokument ist also noch nicht formatiert. Es enthält logische Formatierungsangaben, die ausgabegerätespezifisch vom Empfänger in ein Ausgabeformat umgesetzt werden können.

Logische Formatierangaben dieser Art sind z.B.

> Seitenüberschrift, Paragraph, Absatz,
> Rand- und Zentrierungsangaben, Leerzeilen

Explizite Formatierungsangaben, wie Dimension des Ausgabemediums, Breite des Randes, Seitennumerierung, Anzahl der Zeichen pro Zeile und Zeilen pro Seite, Schriftart und -größe, können nicht beschrieben werden. Diese werden vom Empfänger in Abhängigkeit vom Ausgabegerät bestimmt.

10.1.12 Übergänge zwischen MHS und Teletex

Um in einem MHS eine größere Erreichbarkeit von Benutzern zu erzielen, sollten auch Teilnehmer in anderen Diensten erreichbar sein. Ein erster Schritt dazu ist der Übergang zu Teletex-Endeinrichtungen. Weitere Kopplungsmöglichkeiten z.B. von nicht standardisierten Systemen wie EARN und KOMEX mit dem MHS werden folgen.

In Abb. 10.13 ist gezeigt, wie eine Teletex-Endeinrichtung mit dem MHS kommuniziert.

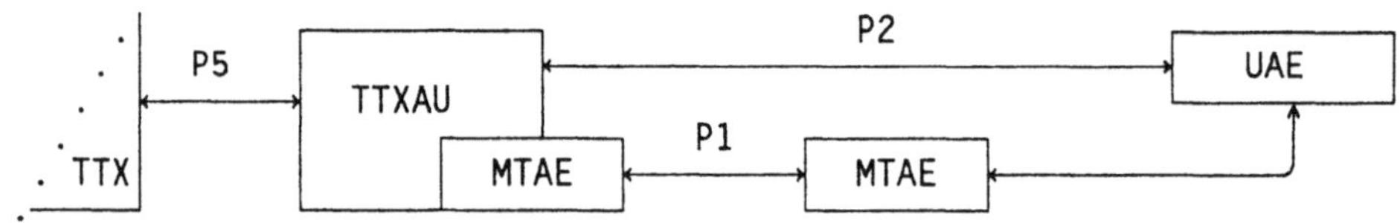

Abb. 10.13: Ein Teletexgerät am MHS

Die Teletex-Endeinrichtung ist mit dem MHS über eine ' →**Teletex Access Unit'** (→**TTXAU)** verbunden, welche die Teletex-Endeinrichtung gegenüber dem MHS repräsentiert.

Die TTXAU übernimmt im MHS die Rolle einer UAE. Das bedeutet, sie kommuniziert mit der Partner-UAE gemäß dem P2-Protokoll. Über eine unmittelbar mit ihr im gleichen Endsystem verbundene MTAE wird die Nachrichtenübermittlung gemäß dem Protokoll P1 vorgenommen.

Das **Protokoll P5** (→Access Protocol for Teletex Terminals) ist zur Seite des Teletex-Endgerätes hin definiert. Dieses beschreibt Dokumententypen und -strukturen auf der Grundlage der Teletexdokumente, über welche die Dienste des MTL (s. 10.1.9) auf eine Teletexkommunikation abgebildet werden können. Dies bedeutet insbesondere auch Umsetzung der Teletex-Dokumentendarstellung auf die MHS-interne Codierung der Protokolldateneinheiten gemäß /CCI X.409/. Damit stehen also diese Dienste des UAL/MTL-Schnittes auch dem Teletex-Endteilnehmer zur Verfügung.

10.2   Virtuelles Terminal

10.2.1 Einführung

In zunehmenden Maße wachsen DVA-Dienstleistungsangebote; einerseits
stoßen sie in immer breitere Abnehmerkreise vor, andererseits entstehen ständig neue Angebote. Durch die Kostenentwicklung für DVAs und
Mikroprozessoren der letzten Jahre wird diese Entwicklung gefördert,
da in wachsendem Maße Kostenbarrieren abgebaut werden, so daß immer
wieder neue DVA-Anwendungen entstehen. Diesem Wachstum stehen auf
der anderen Seite allerdings technische Barrieren im Wege. Hier sind
vor allem Inkompatibilitäten auf dem Gebiet der Kommunikations-
schnittstellen zu nennen.

So wurden ursprünglich z.B.Terminals unter dem Gesichtspunkt speziel-
ler Anwendungen (z.B. Data Entry) konzipiert. Darüberhinaus hatte
jeder Hersteller seine besondere Ausprägung, so daß die so konstru-
ierten Terminals weder für mehrere Anwendungen noch zum Anschluß an
unterschiedliche Herstellersysteme geeignet waren. Zur Zeit sind sogar
oft Geräte für verschiedene Systemfamilien ein und desselben Herstel-
lers untereinander inkombatibel.

Anwendungs- und herstellerübergreifende Kompatibilität kann nur dann
gewährleistet werden, wenn

  - die kommunikationsrelevanten Terminalfunktionen in sinnvollen
    Gruppierungen zusammengefaßt und vereinheitlicht werden

  - die 'Sprache' (Codierung), mit der die vereinheitlichten Termi-
    nalfunktionen angesprochen werden können, von allen verstanden
    wird.

Grob gesprochen, können die kommunikationsrelevanten Terminalfunktionen in zwei Gruppen eingeteilt werden

  - Funktionen, die den Datentransport zwischen zwei Systemen bewerk-
    stelligen

  - Funktionen, die durch die transportierten Daten angesprochen wer-
    und gerätespezifische Operationen auslösen.

Es ist nun Aufgabe von nationalen und internationalen Normungsorganisationen, herstellerübergreifende Normen bzgl. der oben genannten
Punkte zu vereinbaren, um in zunehmendem Maße Freizügigkeit in der
Auswahl der Systeme und Anwendungen zu ermöglichen. Das bedeutet, daß
zunehmend die eingangs erwähnten technischen Barrieren abgebaut werden
sollen.

Die bereits erwähnten Datentransportfunktionen sind in den Schichten 1
bis 4 der ISO-Architektur angesiedelt. Für diese Schichten gibt es
bereits eine Reihe von Standards bzw. Empfehlungen.

In den darüberliegenden Schichten 5 bis 7 sind die gerätespezifischen
Funktionen der Kommunikationssteuerungs-, Darstellungs- und Verarbei-
tungsschicht angesiedelt.

Unter dem Begriff →**virtuelles Terminal** werden dabei Standardi-
sierungsprojekte verstanden, die zum Ziel haben, für den Bereich der
interaktiven Anwendungen die Terminalfunktionen und Schnittstellen im
Sinne der Schichten 6 und 7 des ISO-Referenzmodells zu standardisieren. Ein solcher Standard beinhaltet auch eine Festlegung, in
welchem Umfang und für welche Zwecke die Dienste der Kommunikationssteuerungsschicht in Anspruch genommen werden.

10.2.2 Klassifizierung der Terminals

Die Vielzahl der zur Zeit vorhandenen Terminalfunktionen ist zu groß,
um daraus einen einzigen Standard zu machen. Hier sind z. B.
unterschiedliche Zeichensätze, Grafikdarstellungen, Mischformen von
Grafik und Zeichen, Schriftformen, unterschiedliche Farben für die
Zeichen und/oder Hintergrund, Hervorhebungsfunktionen, Schriftgrößen,
Schirmgrößen, Papierformate usw. zu nennen. Außerdem wächst der Bedarf
an neuen Funktionen mit der Einführung neuer Anwendungen oder neuer
Technologien, wie z.B. Integration von Zeichen, Grafik und Sprache.
Ein einziger allübergreifender Standard bezüglich aller derzeit vorhandenen und denkbaren Funktionen und Kombinationen wäre aufgrund
seiner Komplexität illusorisch. Falls es dennoch nur einen gäbe, würde
dieser wiederum die Einführung von Innovationen behindern und damit
seinen Zweck nicht erfüllen.

Diese Überlegungen haben dazu geführt, Terminalklassen einzuführen und
bezogen auf jede Terminalklasse eigene Standards zu definieren. Eine
solche Klassifizierung ermöglicht es dann, schrittweise entsprechend
der Komplexität, der Durchsetzbarkeit und dem Bedarf ständig neue
Standards zu definieren. Gemeinsam muß allen Standards lediglich das
Auswahlverfahren einer Terminalklasse sein.

Im Bereich der Normungsorganisationen denkt man zur Zeit an die
folgenden Klassen:

- →**Basic class**
- →**Form class**
- →**Grafic class**
- →**Teletex class**
- →**Videotex class**
- →**Telecommunication class**

Die 'Basic class' umfaßt relativ einfache Terminals, die den Funktionsvorrat von Fernschreibern, einfachen Sichtgeräten, Zeilendruckern
u. ä. umfassen. Sie ist beschränkt auf die Unterstützung des IA5-
Zeichenvorrates oder einiger nationaler Varianten. Einzelne Zeichen
oder Zeichenketten können hervorgehoben besonders farbig markiert
oder in unterschiedlichen Schriftformen dargestellt werden.

Die 'Form class' ist eine Erweiterung der 'Basic class' bezüglich der
Formatierungsfunktionen. Die Formatierungsfunktionen erlauben die Definitionen von Formularen, die aus festen und variablen Feldern
bestehen und der sonst üblichen Seitenstruktur überlagert werden. Die
festen Felder enthalten Zeichenketten, die vom Bediener nicht verän-

dert werden können. Den variablen Feldern sind Feldattribute zugeordnet, die den Feldtyp beschreiben, wie z. B. numerisches Feld,
alphanumerisches Feld. Die variablen Felder müssen dann jeweils
entsprechend den Feldvorgaben ausgefüllt werden. Diese Klasse wird
hauptsächlich für Anwendungen wie 'Data Entry' und 'Information
Retrieval' benutzt werden.

Die 'Grafic class' soll die heutigen Grafikanwendungen, wie z. B.
Plotter, grafische Sichtgeräte, Faksimile umfassen.

Die 'Teletex class' und 'Videotex class' umfassen hauptsächlich
Anwendungen wie Teletex- und Bildschirmtext-Dienste der Post. Sie
unterscheiden sich von der 'Basic class' bzw. der 'Form class' in
einem erweiterten Zeichenvorrat (Teletex-Zeichenvorrat, Bildschirm-
text-Blockgrafik),'Checkpointing'-Funktionen (bei Teletex seitenweise)
und komplexeren Benutzerführungsfunktionen bei Bildschirmtext.

Die 'Telecommunication class' ist die zur Zeit komplexeste Terminal-
klasse, die hauptsächlich die vorhandenen Zeichensätze, Grafiken und
Sprachen zu einer Einheit integrieren soll und im Anwendungsbereich
Büroautomatisierung eingesetzt werden soll.

10.2.3   Beschreibung ausgewählter Terminalklassen

Basic class

Die ' →Basic class'-Terminals sind solche mit einem relativ einfachen
Funktionsvorrat. Sie umfassen die zur Zeit gängigsten Terminals, die
für allgemeine Anwendungen im Einsatz sind.

Es gibt in der ISO keine grundsätzlichen Meinungsverschiedenheiten
über den Funktionsvorrat dieser Terminals. Die Konzepte sind einiger-
maßen klar abgegrenzt, aber eine detaillierte Spezifikation existiert
zur Zeit noch nicht.

Die 'Basic class'-Terminals besitzen einen gedachten Datenspeicher,
auf dem sogenannte Operationen erfolgen können. Solche Operationen
dienen dazu, die Inhalte des gedachten Speichers (oder Teile davon) zu
verändern.

Der Datenspeicher besteht aus Elementen, die matrixförmig angeordneten
sind. Maximal kann die Matrix 3 Dimensionen enthalten. Die Elemente
der Matrix nehmen alphanumerische Zeichen auf. Einzelne Zeichen können
hervorgehoben oder farbig dargestellt werden. An Zeichensätzen werden
die internationalen oder einige nationale Referenzversionen des ASCII-
Zeichensatzes unterstützt.

Der Datenspeicher besitzt außerdem noch einen Zeiger, den sogenannten
→**Cursor**, der auf ein Element der Datenstruktur zeigt und für Adres-
sierzwecke benutzt werden kann (indirekte Adressierung).

In der ISO sind gegenwärtig die folgenden Operationen auf dieser
Datenstruktur definiert:

(i)   INIT:
       Initialisiert die gesamte Datenstruktur oder Teile davon; alle
       betroffenen Elemente werden gelöscht.

(ii)   ADDRESS:
       Setzt den Cursor auf die angegebene Adresse; die
       Adressierung kann absolut oder relativ erfolgen.

(iii) DISPLAY (Zeichenfolge):
       Speichert ab der augenblicklichen Cursorposition sequentiell
       die übergebene Zeichenfolge ab, evtl. erfolgt automatischer
       Zeilen- und Seitenumbruch (line-, pagefolding); der Cursor
       wird auf die nächste freie Position (die nächste hinter dem
       letzten abgespeicherten Zeichen) gesetzt.

Das Modell der Matrixdatenstrukturen erlaubt z. B. die Beschreibung
der folgenden Fälle:

(i)   ein eindimensionaler, begrenzter Datenspeicher:
       Zeilenorientierte Terminals, direkte Adressierung innerhalb der
       aktuellen Zeile; kein Zugriff möglich auf vorherige Zeilen;
       INIT-Funktion entspricht beim Fernschreiber z. B. einem NL.

(ii)   ein eindimensionaler, unbegrenzter Datenspeicher:
       stringorientierte Terminals (z. B. Lochstreifen, Magnetband),
       nur vorwärts-sequentielle Adressierung möglich.

(iii) ein zweidimensionaler, begrenzter Datenspeicher:
       seitenorientiertes Arbeiten (z. B. Bildschirm), direkte Adres-
       sierung in beiden Dimensionen (Zeilen- und Spaltenadressen),
       INIT-Funktion entspricht dem Löschen eines Bildschirmes oder
       Seitenvorschub bei einem Drucker.

(iv)   ein zweidimensionaler Datenspeicher mit begrenzter Zeilen-,
       aber unbegrenzter Seitendimension:
       Papierrolle beim Fernschreiber; innerhalb einer Zeile direkt
       adressierbar, Zeile innerhalb Seite aber nur vorwärts-sequen-
       tiell.

(v)   ein dreidimensionaler Datenspeicher, in dem die Zeilenlänge und
       Seitenlänge begrenzt sind , die Anzahl der möglichen Seiten
       aber unbegrenzt:
       Stapel von gefalztem Zeilendruckerpapier, innerhalb einer Seite
       sind Spalten und Zeilen direkt adressierbar, Seiten aber nur
       vorwärts-sequentiell.

Da durch die Vielfalt der in dieser Klasse enthaltenen Terminals recht
unterschiedliche Eigenschaften (wie oben dargestellt) abzubilden sind,
ist bei Verbindungsaufbau zu einem solchen Gerät die folgende Vereinbarung zu treffen

(i)   den Zeichensatz (die internationale oder eine nationale Version)

(ii)   die Eigenschaft, in welchem Maße Zeichen hervorgehoben und far-
       big dargestellt werden können

(iii) die Anzahl der Dimensionen des Datenspeichers und deren Be-
       grenzung (z. B. Zeilen- und Seitenlängen)

Im einfachsten Fall können einmal für die Verbindung festgelegte
Werte innerhalb der aktuellen Verbindung nicht mehr verändert werden.
Für komplexere Fälle sind Verhandlungsprozeduren vorgesehen, über die
dynamisch das Terminalprofil verändert werden kann.

Form class

Für ' →Form class'-Terminals hat die ISO noch keine detaillierten
Festlegungen getroffen. Allerdings ist man sich über den grundsätzlichen Anwendungsbereich einig. Hierzu zählen Anwendungen wie Information Retrieval und Datenerfassung.

Die formatorientierten Terminals werden im wesentlichen die Funktionen
der heute gebräuchlichen Bildschirme umfassen, die feldweise mit
geschützten und ungeschützten Bereichen formatierbar sind. An Zeichensätzen wird der 'Basic class'-Zeichenvorrat zugrunde gelegt werden.

Gegenwärtig ist noch unklar, ob die Terminals im sogenannten 'multi-
form'-Modus betrieben werden können. Hierunter versteht man, daß im
voraus mehrere Formularbeschreibungen ans Terminal geschickt werden
können und es diese Beschreibungen unter einem mitgeführten Formnamen
abspeichert. Bei Bedarf kann dann ein Formular durch einen Formnamen,
der während der Beschreibung definiert wurde, abgerufen und lokal auf
dem Bildschirm dargestellt werden, um eine Formularinstanz durch den
Terminalbenutzer ausfüllen zu lassen.

Bei den heutigen realen Terminals sind zwei Typen zu finden:

In der einen Gruppe belegt jede Feldbeschreibung eine Zeichenplatz-
position, die dann für die Feldinhalte verloren ist, während in der
anderen Gruppe kein Zeichenplatz belegt wird. Es wird erwartet, daß
eine zukünftige Norm zu der letzteren Gruppe gehört.

Die Feldbeschreibungen beinhalten grundsätzlich die folgenden Angaben:

(i)   Beginnposition (X, Y-Koordinaten) und Länge des Feldes

(ii)   Datentyp des Feldes (z. B. numerisch, alpha, alphanumerisch)

(iii)   Geschütztes oder ungeschütztes Feld; bei geschütztem Feld u. U.
        auch Vorgabe des Feldinhaltes als Konstante

(iv)   Attribute des Feldes (z. B. Zeichenfarbe, Hervorhebung der Zei-
        chen, Bündigkeit, Feld selektierbar)

Unter Gesichtspunkten der Benutzerführung wird häufig bei fehlerhafter
Feldeingabe das gesamte Formular einschließlich ausgefülltem Inhalt
zurückgespiegelt, wobei die richtig ausgefüllten Felder nun aber
geschützt sind und daher nicht mehr verändert werden können. Zusätzlich kennzeichnet dann auch noch der Cursor das Feld, das ausgefüllt
bzw. korrigiert werden soll.

Teletex class

Die ' →Teletex class'-Terminals sind nicht dialogorientiert, sondern
nur für Ausgabe gedacht. Sie entsprechen dem Funktionsvorrat der
CCITT-Teletexempfehlungen T.60/T.61 bezüglich der Schichten 6 und 7
des ISO-Referenzmodells.

Diese definieren einen neuen Teletex-Zeichenvorrat. Er enthält die
wichtigsten Alphabetzeichen der verschiedensten westlichen Länder in
Form eines einzigen Zeichensatzes. Sie werden in Analogie zum ASCII-
Zeichensatz codiert, enthalten aber die folgende wichtige Ergänzung:

Zeichen, die durch Überlagerung zweier Grundzeichen dargestellt werden, wie z. B. die deutschen Umlaute, sind durch zwei Bytes codiert,
z.B. wird 'ü' zusammengesetzt aus '¨' und 'u'. Die Empfehlung sieht
vor, daß alle Zeichen des Alphabets durch die Teletex-Stationen ab-
druckbar sind. Der Ausdruck erfolgt auf einer DIN A4-Seitenstruktur,
im Quer- oder Hochformat.

Teletex unterstützt eine dreidimensionale Datenstruktur:
Ein Brief besteht aus einer beliebigen Anzahl von Seiten, die wiederum
aus einer begrenzten Anzahl von Zeilen bestehen. Die maximale Zeilen-
zahl ist abhängig von der Papierlage (DIN A4 quer oder hoch) und dem
Zeilenabstand. Nach CCITT T.60 gelten die folgenden Werte:

4,23 mm:	56 Zeilen hoch	39 Zeilen quer
6,35 mm:	37 Zeilen hoch	26 Zeilen quer
8,47 mm:	28 Zeilen hoch	19 Zeilen quer

Die Anzahl der Zeichen pro Zeile beträgt 77 im Hochformat und
105 in Querlage.

Eine Übermittlung im Sinne von Teletex ist erst dann vollständig
abgeschlossen, wenn ein ganzer Brief fehlerfrei empfangen wurde. Es
werden seitenweise Stützpunkte zum Wiederaufsetzen im Fehlerfall
geschrieben.

Der CCITT arbeitet zur Zeit an einer Erweiterung des Teletex Dienstes,
dem 'mixed mode'-Teletex. Dieser Dienst soll es ermöglichen, Teletex-
Dokumente zu versenden, die sowohl codierte Zeicheninformation als
auch eingestreute grafische Information auf der Basis von Faksimile
enthalten. Die unter diesem Aspekt diskutierte Dokumentenstruktur
ist in der Empfehlung T.73 (s. Kap. 8) näher beschrieben. Neuere
Empfehlungsentwürfe beinhalten eine Erweiterung der Grafiksymbole
um z. B. abgeschrägte Blockgraphik und geometrische Elemente.

Videotex class

Die Terminals der ' →Videotex class' (CCITT Entwurf S.100) entsprechen
vom Funktionsvorrat aus gesehen am ehesten denen der 'Form class'. Im
Vergleich dazu besitzen sie aber zwei wesentliche Erweiterungen:

(i)   erweiterter Zeichensatz, der sogenannte Videotex-Zeichensatz

(ii) die Benutzerführungsfunktionen in Form der Hinweiszeilentechnik.

Der Zeichensatz umfaßt neben den gebräuchlichen alphabetischen Zeichen
einen sogenannten 'supplementary set of graphic characters' die
wichtigsten (nationalen) Erweiterungen (z.B. $, £, ¶, Œ, Æ). Da-
neben wurde ein Satz von mosaik-grafischen Symbolen definiert, der
einen Zeichenplatz in 6 kleinere Bereiche einteilt und daraus verschiedene Kombinationen erzeugt, z. B.

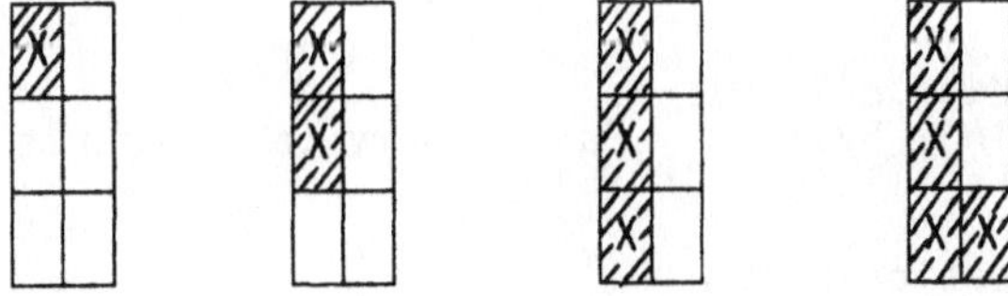

Alle Positionen können mit einer Vorder- bzw. Hintergrundfarbe belegt
werden, die Vordergrundfarbe bezieht sich dabei auf das abgebildete
Zeichen.

Die Hinweiszeilentechnik ist vergleichbar mit Formularen auf Papier,
auf denen durch Anmerkungen Hinweise bzw. Erläuterungen zum Ausfüllen
der Felder gegeben werden. Die letzte Zeile auf dem Bildschirm ist die
Hinweiszeile, während alle anderen auszufüllende variable Felder
beinhalten können. Zur Hilfestellung des Benutzers wird nun der Cursor
auf das erste auszufüllende Feld gesetzt und in der Hinweiszeile
erscheint ein Text, der die Erläuterung zum betreffenden Feld gibt.
Nach Ausfüllen und Absenden des Feldinhaltes wird der Cursor auf das
nächste Feld gesetzt und in der Hinweiszeile erscheint ein neuer Text,
nämlich der Hinweis zu dem neuen Feld. Das Spiel wiederholt sich
solange, bis das gesamte Formular ausgefüllt wurde.

10.3 Literatur

/CCI T.60/   CCITT Recommendation T.60,
             Terminal Equipment for Use in the Teletex Service
             Genf 1984

/CCI T.61/   CCITT Recommendation T.61
             Character Repertoire and Coded Character Sets for the
             International Teletex Service, Genf 1984

/CCI S.100/ CCITT Draft Recommendation S.100
             International Information Exchange for Interactive
             Videotex, Genf 1980

/CCI X.400/ CCITT Recommendation X.400
             Message Handling Systems: System Model-Service Elements,
             Genf 1984

/CCI X.401/ CCITT Recommendation X.401
             Message Handling Systems: Basic Service Elements and
             Optional User Facilities, Genf 1984

/CCI X.408/ CCITT Recommendation X.408
             Message Handling Systems: Encoded Information Type, Con-
             version Rules, Genf 1984

/CCI X.409/ CCITT Recommendation X.409
             Message Handling Systems: Presentation Transfer Syntax and
             Notation, Genf 1984

/CCI X.410/ CCITT Recommendation X.410
             Message Handling Systems: Remote Operations and Reliable
             Transfer Server, Genf 1984

/CCI X.411/ CCITT Recommendation X.411
             Message Handling Systems: Message Transfer Layer,
             Genf 1984

/CCI X.420/ CCITT Recommendation X.420
             Message Handling Systems: Interpersonal Messaging,
             Genf 1984

/CCI X.430/ CCITT Recommendation X.430
             Message Handling Systems: Access Protocol for Teletex
             Terminals, Genf 1984

/CCITT 83/   Document Interchange Protocol for the Telematic Service,
             Third Draft CCITT, Rennes 1983

/DIN 82/   Data Processing OSI-Virtual Terminal Service and Protocol
             Generic Descriptions, DIN Nr. NI-16.2/23-82, Berlin 1982

11 Einbettung in ein Betriebssystem

11.1 Einleitung

In den Kapiteln 6 und 7 wurden die Transportschicht und die Kommunikationssteuerungsschicht mit ihren Funktionen, Dienstelementen und
Protokolldateneinheiten vorgestellt. In diesem Kapitel wird beschrieben, in welcher Weise in einer konkreten Implementation die
Dienste der Transportschicht und der Kommunikationssteuerungsschicht
den Anwendungen angeboten werden und wie diese sie nutzen können.
Skizziert wird dafür eine Implementation von T.70 und T.62 /CCITT 81/
auf einem Siemens-Rechner 7541 mit dem Betriebssystem BS2000.

Dieses Kapitel soll keine theoretische Abhandlung oder systematische
Analyse des Themas 'Einbettung von Protokollen in Betriebssysteme'
sein, sondern exemplarisch aufzeigen, in welcher Form sich Protokollimplementationen über eine definierte Dienstschnittstelle durch Anwendungen nutzen lassen. Die hier vorgestellte Lösung ist anlagen-
spezifisch und kann damit nicht als allgemeingültige Lösung gelten;
trotzdem gibt sie nützliche Hinweise über das mögliche Vorgehen für
denjenigen, der sich mit der Implementierung von Protokollen befassen
muß. In den folgenden Abschnitten wird zunächst auf die prinzipiellen
Möglichkeiten bei der Wahl der Dienstschnittstelle und dann auf die
tatsächlich implementierten Schnittstellen für die Transportdienste
und die Kommunikationssteuerungsdienste eingegangen.

11.2 Wahl des Schnittstellentyps

Ein wesentlicher Schritt auf dem Wege zu Protokollimplementationen
besteht in der Festlegung der Schnittstellen, an denen die Dienste der
Protokollschichten angeboten werden sollen. Bevor eine solche Festlegung erfolgen kann, müssen die Randbedingungen und die Umgebung, in
die die Implementation einzubetten ist, sowie die Anwendungsziele auf
das Genaueste bekannt sein, um eine den Möglichkeiten und Wünschen
angepaßte Lösung zu finden.

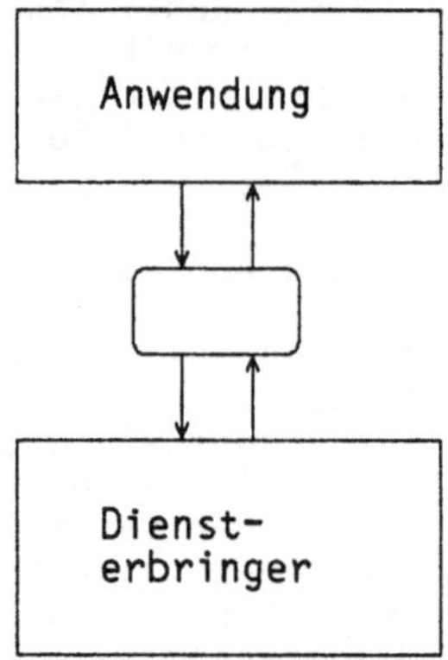

Abb. 11.1: Schnittstelle Anwendung - Diensterbringer

Hinsichtlich der Gestalt der Schnittstelle sind zwei Grundtypen
unterscheidbar:

-    **→Prozeß-Schnittstelle**
-    **→Prozedur-Schnittstelle**

Bei der Prozeß-Schnittstelle bilden Anwendung und Diensterbringer zwei
verschiedene Prozesse, die über eine geeignete Interprozeß-Kommunikationsschnittstelle miteinander kommunizieren.

Unter Prozedur-Schnittstelle wird hier verstanden, daß ein Dienst
durch Aufruf einer Prozedur angefordert wird. Die Kontrolle geht dabei
an den Diensterbringer und wird von diesem explizit nach Bearbeitung
der Dienstanforderung zurückgegeben. Die Arbeitsweise ist also streng
sequentialisiert; Anwendung und Diensterbringer sind eng aneinander
gekoppelt.

Im folgenden werden nun in kurzer Form einige Vor- und Nachteile der
jeweiligen Lösungen ohne Anspruch auf Vollständigkeit aufgezeigt, um
auf mögliche Probleme bei der Entscheidung für eine der beiden
Alternativen hinzuweisen.

- Programmiersprachen

  Prozeß-Schnittstelle:

  Da Anwendung und Diensterbringer unterschiedliche Prozesse sind,
  ist die Wahl der Programmiersprache für die Anwendung einerseits
  und den Diensterbringer andererseits weitestgehend unabhängig
  möglich. Allerdings muß die Interprozeß-Kommunikationsschnittstelle
  des Betriebssystems verwendbar sein, gegebenenfalls durch
  Assembler-Unterprogramme.

  Prozedur-Schnittstelle:

  Durch die enge Verknüpfung von Anwendung und Diensterbringer
  beeinflußt die Wahl der Programmiersprache für den Diensterbringer
  sofort auch die Anwendung, da auf den meisten Betriebssystemen nur
  geringe Möglichkeiten angeboten werden, Programme in verschiedenen
  Sprachen miteinander zu verbinden. Da aus softwaretechnologischen
  Gründen die Programmierung des Diensterbringers in der Maschinen-
  sprache (z.B. Assembler) nicht sinnvoll erscheint, sollte gründlich
  geprüft werden, in welchen Programmiersprachen künftige kommuni-
  kationsorientierte Anwendungen voraussichtlich programmiert werden.

- Adressierung

  Prozeß-Schnittstelle:

  Anwendung und Diensterbringer müssen sich mittels der Möglichkeiten
  der Kommunikationsschnittstelle explizit adressieren.

  Prozedur-Schnittstelle:

  Adressierungsprobleme treten nicht auf.

- Flußregelung

  Prozeß-Schnittstelle:

  Mechanismen zur Flußregelung müssen implementiert werden; je nach
  den Fähigkeiten des Betriebssystems kann hierbei erheblicher Auf-
  wand entstehen.

  Prozedur-Schnittstelle:

  Es sind keine besonderen Vorkehrungen nötig. Tritt in einer der
  unterlagerten Schichten ein Stau auf, der bis zur Anwendung wirkt,
  so kann dies durch Zurückweisung einer Dienstanforderung auf
  einfache Weise angezeigt werden.

- Code-Minimierung

  Prozeß-Schnittstelle:

  Ist der Diensterbringer ein eigener Prozeß, so kann er entweder
  einmal für alle Anwendungen oder einmal pro Anwendung im System
  installiert werden. Im ersteren Fall ist einerseits eine
  Minimierung des Codes gegeben, anderseits wird dieser eine Prozeß
  ggf. sehr stark belastet. Dies kann zu Laufzeit-Problemen führen.

  Prozedur-Schnittstelle:

  Jede Anwendung enthält den vollständigen Code des Diensterbringers,
  so daß dieser ebenso oft wie die ihn benutzenden Anwendungen
  vorhanden ist.

Neben den erwähnten Vor- und Nachteilen sind bei der Wahl der
Schnittstelle auch die Möglichkeiten des Betriebssystems, auf dem ein
Diensterbringer implementiert werden soll, und die Nähe des Dienst-
erbringers zur Anwendung zu berücksichtigen.

Für Systeme, auf denen nur eine beschränkte Anzahl von Prozessen
verwaltet werden kann oder deren Interprozeß-Kommunikationsschnittstelle nur schwerfällig zu handhaben ist, sollte die Anzahl der
Prozesse minimiert werden.

Generell könnte zur Zweckmäßigkeit des einen oder anderen Schnitt-
stellentyps gesagt werden:

-    Je näher an der Anwendung, desto eher eine Prozedurschnittstelle,
     da sie einen wesentlich geringeren Komplexitätsgrad hat und damit
     recht einfach für Anwendungsprogrammierer zu verwenden ist.

-    Je tiefer im System ('näher an der Leitung'), desto eher eine
     Prozeßschnittstelle, um die Möglichkeiten des Betriebssystems
     voll ausnutzen zu können.

Für die Einbettung der Transportschicht und der Kommunikationssteuerungsschicht bieten sich folgende Möglichkeiten an:

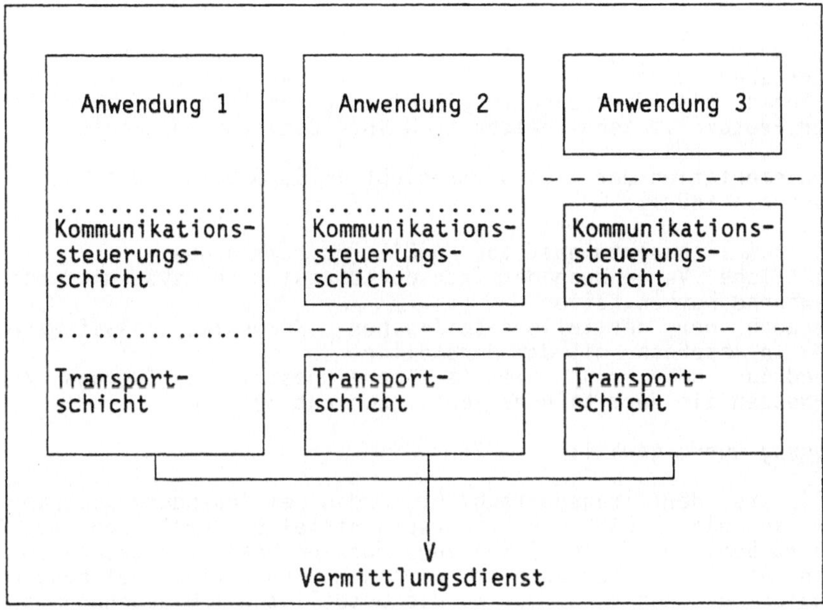

....   Prozedurschnittstelle
– – – –   Interprozeß-Kommunikationsschnittstelle

Abb. 11.2: Schnittstellenvarianten

In den folgenden Abschnitten wird beschrieben, auf welche Weise die
Dienste der Transportschicht und der Kommunikationssteuerungsschicht
in einer Siemens-BS2000-Anlage angeboten werden.

11.3   Einbettung der Transportschicht

Die Aufgabe der Transportschicht ist der Auf- und Abbau von Teilnehmerverbindungen sowie der transparente Transport der von der höheren
Schicht angelieferten Daten. Um diese Funktionen als Dienste anfordern
zu können, wurden einige Dienstelemente definiert, die in Kapitel
6.3.3 beschrieben sind. Für den Nutzer der Transportschicht werden
ihre Funktionen also über Dienste mit Dienstparametern verfügbar, so
daß er weder Protokolldateneinheiten noch ihre Codierungen sieht.

An die Implementation der Transportschicht im BS2000 wurden folgende
Randbedingungen geknüpft:

-       Zugang zum Transportdienst von PASCAL-Programmen aus
-       einheitliche Verwendung des Transportdienstes für systeminterne
        und externe Kommunikation
-       Verwendung der herstellerspezifischen Kommunikationssoftware
        (DCAM) in Absprache mit dem Hersteller
-       Verwendung des von Siemens bereitgestellten Zugangs zu
        X.25-Netzen als Vermittlungsdienst (Schicht 3)

Folgende **Lösung** wurde gewählt:

-       Die Dienste der Transportschicht werden dem Anwendungsprogram-
        mierer an einer PASCAL-Prozedurschnittstelle durch den sog.
        Transport Service Handler (TSH) anwendungsunabhängig angeboten.
-       Wie in Abb. 11.3 dargestellt, werden Kommunikationsbeziehungen
        innerhalb des Rechners durch die beteiligten TSH abgehandelt.
-       Für die externe Kommunikation übernimmt ein als 'Gateway' be-
        zeichneter eigenständiger Prozeß die Protokollabhandlung gemäß
        T.70 und die Codierung und Decodierung der Transportprotokoll-
        elemente. **Wichtig:** Für den Anwendungsprogrammierer ist der
        unterschiedliche Ablauf nicht sichtbar.
-       Als Kommunikationsvehikel zwischen TSH-TSH und TSH-Gateway wird
        die Siemens-Kommunikationssoftware DCAM benutzt.

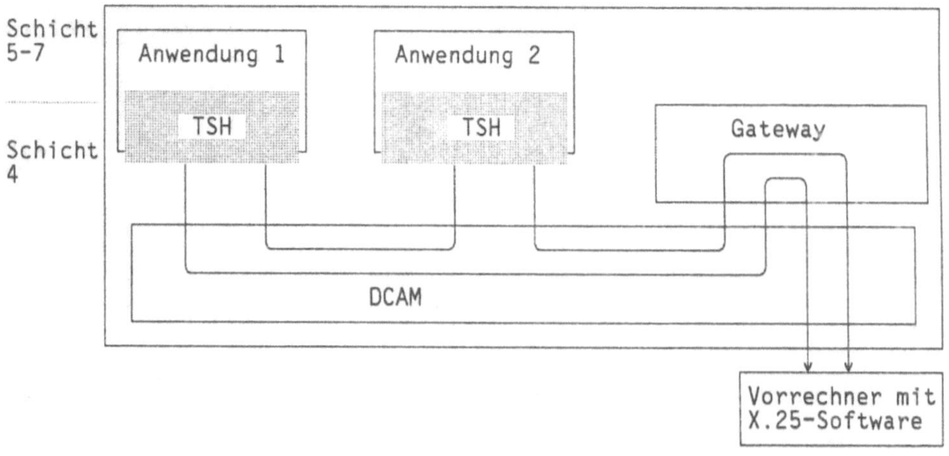

Abb. 11.3 : Die →Einbettung der Transportschicht

Dieser Schnittstellentyp wurde gewählt,

- da die Transportschicht im Prinzip eine Systemleistung erbringt, die vermutlich in absehbarer Zeit - nach Abschluß der Standardisierungsarbeiten - in zahlreiche Betriebssysteme insbesondere der Großrechner integriert werden wird und
- damit für Anwendungen der höheren Schichten ein Übergang auf die zu erwartende herstellerspezifische Lösung wesentlich leichter machbar scheint (mit nur geringen Auswirkungen auf Anwendungen)

Funktionalität der Implementation

Die eben skizzierte Lösung ⌐ietet dem Anwendungsprogrammierer folgende Leistungen an der Dienstschnittstelle:

- Bereitstellung der Transportdienste CONNECT, DATA, DISCONNECT zum Auf- und Abbau von Verbindungen und dem Versand von Daten über mit Parametern versehenen Prozeduren - Adressierung von lokalen und externen Partnern nach den gleichen Konventionen an der Prozedurschnittstelle
- Vereinbarung eines oder mehrerer Transportdienstzugangspunkte (→TSAP = Transport Service Access Point) durch einen Anwendungsprozeß
- parallele Verbindungen innerhalb eines TSAP
- lokale, verbindungsspezifische Flußregelung
- Zeitüberwachung von Verbindungen/Diensten
- 'eventing'-Mechanismen zur Verarbeitung asynchron eintreffender Ereignisse
- Übertragung 'beliebig' großer Datenblöcke

Dienste:

Vor dem ersten Verbindungsaufbau muß sich die Anwendung mit einem Namen bei der Transportschicht anmelden. Dies tut sie durch Aufruf der Prozedur **TSOPEN**. Unter dem beim TSOPEN gewählten Namen ist die Anwendung (der Transport Service Access Point, TSAP) dann adressierbar.

Verbindungsaufbau (T-CONNECT-Dienst)

Der CONNECT-Dienst wird mit Hilfe der Prozeduren TSCONREQ / TSCONACC realisiert:

(1)   TSCONREQ (partner) : Aufbauwunsch für eine Verbindung
(2)   TSCONACC   : Bereitschaft zum Akzeptieren eines
                             beliebigen Verbindungsaufbauwunsches

Erläuterungen:
(1)   Die Adresse des Partners (partnername,prozessorname) wird als
        Parameter übergeben
(2)   Der Verbindungsaufbauwunsch eines beliebigen Partners wird
        angenommen. Der Partner, zu dem eine Verbindung aufgebaut
        wurde, wird in einem Rückgabeparameter bekanntgemacht.

Datentransporte (T-DATA-Dienst)

Der DATA-Dienst wird mit Hilfe der Prozeduren

     TSDATREQ (datenfeld) : Versenden der Daten
     TSGETDAT (datenfeld) : Empfangen von Daten

erbracht. Die Adresse eines Puffers, in dem entweder die zu sendenden Daten stehen oder in den die zu empfangenden Daten eingetragen werden sollen, wird als Parameter übergeben.

Verbindungsauslösung (T-DISCONNECT-Dienst)

Der DISCONNECT-Dienst ist realisiert mit Hilfe der Prozedur

          TSDISREQ : Verbindung auslösen

Durch Aufruf der Prozedur **TSCLOSE** wird der TSAP geschlossen; die Anwendung ist nicht mehr adressierbar.

Zur Verarbeitung von **parallelen Verbindungen** ist ein Mechanismus installiert, mit dem asynchrone Ereignisse empfangen und bearbeitet werden können.

Zur **Flußregelung** wurde ein Flußregelungsmechanismus - ein Quittungsspiel mit bestimmter Fenstergröße - eingerichtet. Dieser Mechanismus wirkt verbindungsspezifisch, so daß der Stau auf einer Verbindung nicht auch andere Verbindungen beeinflußt.

Die **Protokollabhandlung** erfolgt bei Verbindungen zu externen Partnern innerhalb des Gateway gemäß den Konventionen von T.70.

Beispiel: **Ablauf einer Sitzung** aus der Sicht eines Transportschicht-Nutzers (ohne Darstellung der asynchronen Verarbeitungsabläufe)

Transportschicht-Nutzer	**Aktionen in der Transportschicht**
(1) TSOPEN	
(2) TSCONREQ (partner)	(3) Empfang des Verbindungs- aufbauwunsches TCR erzeugen und verschicken
	(4) TCA aus dem Netz empfangen
	(5) Verbindungsaufbau anzeigen
(6) TSDATREQ (daten)	(7) TDT erzeugen und mit den Daten verschicken
. . ggf. weitere . Sendevorgänge .	. . .
	(8) TDT aus dem Netz empfangen und weiterleiten
(9) TSGETDAT (puffer)	
(10) TSDISREQ	(11) Abbau der Transportverbindung

Erläuterungen:
(1)   Initialisierung der Kommunikations-Software; Eröffnen des TSAP
(2)   Verbindungsaufbauwunsch senden (Initialisierung des T-CONNECT-
          Dienstes)
(3)   Auswertung des Partnernamens, Adressierbarkeit prüfen, dann
          TCR aufbauen
(4)   Annahme des Verbindungsaufbauwunsches durch die Transport-
          schicht des Partners erfolgt
(5)   Rückmeldung darüber an den Transportschicht-Nutzer (damit ist
          der T-CONNECT-Dienst abgeschlossen)
(6)   Daten versenden (T-DATA-Dienst)
(7)   TDT-Header vor die Daten packen, Daten ggf. in kleinere Pakete
          aufteilen (je nach Verhandlung der Werte)
(8)   Transportprotokoll-Header entfernen, Daten ggf. aus mehreren
          Paketen zusammenstellen und an den Transportschicht-Nutzer
          versenden
(9)   Daten in einem bereitzustellenden Puffer empfangen
(10)   Auslösung der Verbindung anfordern (T-DISCONNECT-Dienst)
(11)   Abbau der Transportverbindung durch Abbau der Netzverbindung
          (N-DISCONNECT-Dienst)

11.4 Einbettung der Kommunikationssteuerungsschicht

Die wesentlichen Aufgaben der Kommunikationssteuerungsschicht sind

- Einrichten von Kommunikationsbeziehungen
- Steuerung, Sicherung und Wiederanlauf der Anwendungskommunikation

An die →Einbettung der Kommunikationssteuerungsschicht in das BS2000 wurden folgende Randbedingungen geknüpft:

- Zugang zu den Diensten von PASCAL-Programmen aus
- Unterstützung der Anwendung bei Datensicherungsmaßnahmen
- möglichst einfache Nutzung durch den Anwendungsprogrammierer

Folgende Lösung wurde gewählt:

Die Dienste der Kommunikationssteuerungsschicht werden an einer **PASCAL-Prozedur-Schnittstelle** angeboten.

Dabei gliedert sich die Implementation in

- die eigentliche Prozedur-Dienstschnittstelle, die alle Dienste mit allen Parametern anbietet; dabei entspricht jedem Dienst eine eigene Prozedur, so daß die Dienste also über eine Anzahl von Prozeduren mit unterschiedlicher Anzahl von verschiedenen Parametern verfügbar sind

- einen Protokollteil, der von allen Dienstprozeduren aufgerufen wird

    - in dem überprüft wird, ob der angeforderte Dienst und die Parameter in dem gewählten Protokoll zu diesem Zeitpunkt erlaubt sind und
    - in dem die Protokoll-Kontrollinformation entweder erzeugt oder eingehende Protokolldateneinheiten entschlüsselt werden

- einen Teil zur Bedienung der Schnittstelle zur Transportschicht unter Nutzung der im vorigen Abschnitt beschriebenen Kommunikationsschnittstelle

Dieser Schnittstellentyp wurde gewählt, da

- eine Unterstützung der Anwendung bei der Abwicklung von bestätigten Diensten und den daraus abzuleitenden Datensicherungsmaßnahmen auf einfache Weise realisiert werden konnte
- der Informationaustausch direkt erfolgen kann
- eine recht einfache Handhabung der Dienstschnittstelle gewährleistet ist

Bemerkung: Da für die Implementation der Kommunikationssteuerungsschicht PASCAL gewählt wurde, können - bei den auch im BS2000 vorhandenen 'Sprachmix'-Problemen - nur in PASCAL geschriebene Anwendungen die Dienste nutzen.

Es ist geplant, die Implementation um die Teilmenge BAS des Kommunikationssteuerungs-Protokolls (s. 7.2.2) zu erweitern, die T.62 als Untermenge enthält.

Funktionalität der Implementation:

Die gewählte Lösung bietet dem Anwendungsprogrammierer folgende
Leistungen an der Schnittstelle :

- Bereitstellung aller 'session'-Dienste gemäß vorheriger Beschreibung
- parallele Verbindungen
- Vereinbarung unterschiedlicher Transportdienstzugangspunkte für
  unterschiedliches Kommunikationsverhalten
- Zeitüberwachung von Verbindungen/Diensten
- lokale, verbindungspezifische Flußregelung
- Bereitstellung von unterschiedlich komplexen Verarbeitungsmodi
  für Dienste, die erst nach Bestätigung durch den Partner abgeschlossen sind
- Unterstützung der Anwendung bei nach Fehlern für den Wiederanlauf
  einzuleitenden Synchronisations- und Sicherungsmaßnahmen

Dienste:

Von der Vielzahl der Dienste der Kommunikationssteuerungsschicht
werden nun einige beispielhaft dargestellt. Jede Dienstprozedur hat
einen 'returncode'- Parameter, der anzeigt, ob der angeforderte Dienst
ordnungsgemäß verarbeitet werden konnte.

Verbindungsaufbau (S-CONNECT-Dienst)

```
CONNECT (partaddress, capabilities, userdata, id, rc)
partaddress  : Adresse des Partners, entsprechend den
               BS2000-Konventionen als symbolischer Name
capabilities : Eigenschaften der Sitzung, die beim
               Verbindungsaufbau verhandelt werden müssen
               (z.B. Fenstergröße)
userdata     : zusätzliche Benutzerdaten (Erweiterung für BAS)
id           : logische Kennung dieser Sitzung, die bei allen
               folgenden Dienstanforderungen angegeben werden muß
rc           : Returncode
```


Eröffnen einer Aktivität:

```
ACTSTART (id, dudescriptor, userdata, rc)
id           : Kennung der Sitzung
dudescriptor : Beschreibung spezieller Parameter dieser Dialogeinheit
userdata     : s.o.  (Erweiterung für BAS)
rc           : s.o.
```


Datenphase: (S-DATA-Dienst)

```
DATA (id, data, token, rc)
id           : Kennung der Sitzung
data         : zu versendende Daten
token        : Anzeige, ob und wenn welche Kontrollrechte
               an den Partner übergehen (Erweiterung für BAS)
rc           : s.o.
```

Beenden einer Aktivität:

    ACTEND (id, userdata, rc)
    id   : Kennung der Sitzung
    userdata   : s.o. (Erweiterung für BAS)
    rc   : s.o.

Verbindungsabbau: (S-RELEASE-Dienst)

    RELEASE(id, userdata, rc)
    id   : s.o.
    userdata   : s.o. (Erweiterung für BAS)
    rc   : s.o.

Der Dienstautomat für einige wesentliche Dienste läßt sich in der ISO-Terminologie wie folgt darstellen:

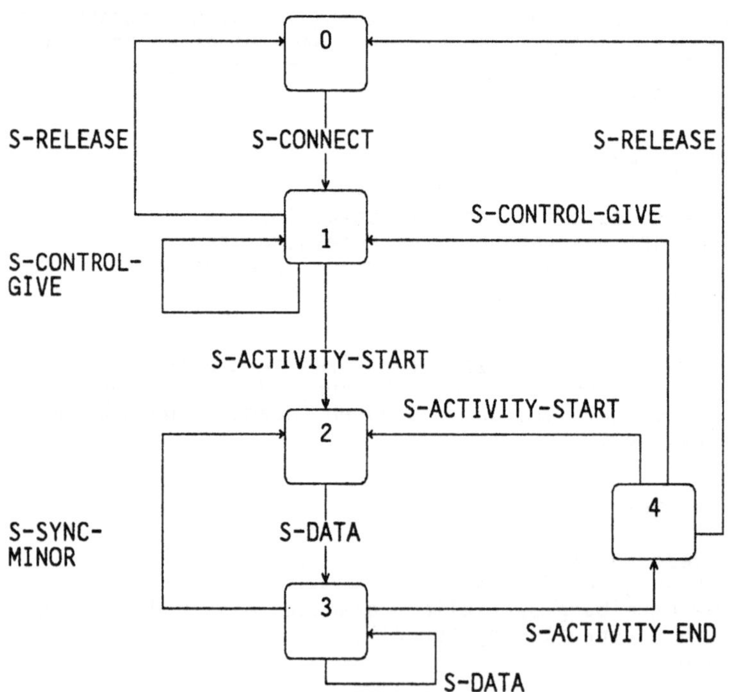

Abb. 11.4: Dienstautomat der Kommunikationssteuerungsschicht (Auszug)

Daneben sind natürlich u.a. noch Fehlerdienste wie S-USERABORT und S-EXCEPTION-REPORT sowie Synchronisationsdienste wie S-ACTIVITY-INTERRUPT/DISCARD und S-ACTIVITY-RESUME definiert (ISO-Terminologie).

11.5   Der Weg durch die Protokollschichten

Während einer Kommunikationsbeziehung zu einer internen bzw. zu einer
externen über ein Datennetz erreichbaren Partneranwendung werden
folgende Bausteine im BS2000-Rechner durchlaufen:

SIEMENS 7541

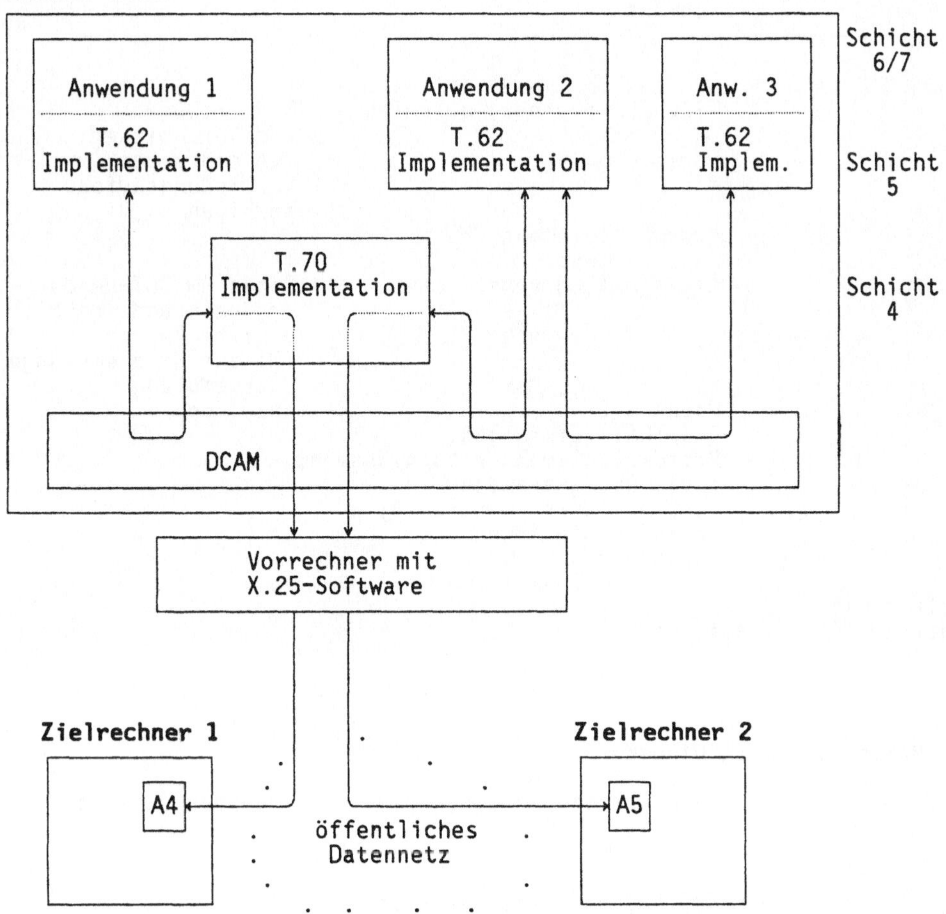

A4/A5:   Anwendung mit den unterlagerten Protokollschichten,
         auf beliebigen Rechnern implementiert

Abb. 11.5: Übersicht über die Softwarebausteine

Folgende Aktionen werden dabei im externen Fall durch Benutzung des
CONNECT- bzw. DATA-Dienstes in den unterlagerten Schichten ausgelöst:

1. Beispiel: CONNECT-Dienst

Anwendung	Kommunikationssteuerungs- schicht	Transportschicht

CONNECT(...) —> prüfen, ob Dienst erlaubt;
                 TSCONREQ(partner) aufrufen —> TCR erzeugen
                                               und verschicken;
                                               TCA empfangen;
                                           <— Verbindungsaufbau
                                               anzeigen

                 Protokollelement CSS
                 aufbereiten;
                 mit TSDATREQ verschicken   —> Daten um TDT-Header
                                               ergänzen und ins Netz
                                               verschicken
                                               TDT aus Netz empfangen,
                                               Datenempfang
                 Daten mit   <— anzeigen
                 TSGETDAT empfangen;
                 Protokollelement entschlüsseln;
                 falls RSSP:Parameter in
                 'capabilities' eintragen;
                 Regie an die Anwendung
             <— zurückgeben

Return mit rc=0
nächsten Dienst aufrufen

2. Beispiel: DATA-Dienst

Anwendung	Kommunikationssteuerungs- schicht	Transportschicht

DATA(...)   —> prüfen, ob Dienst erlaubt;
                 Protokoll-Header CSUI/CDUI
                 vor die Daten setzen;
                 TSDATREQ aufrufen   —> Daten empfangen
                                               <— und dabei
                                                   Quittung senden;
                 Regie an die Anwendung   TDT-Header erzeugen
             <— zurückgeben   vor die Daten
                                                   setzen und gesamten
Return mit rc=0   Datenpuffer ins Netz
nächsten Dienst aufrufen   schicken

11.6 Literatur

/CCITT 81/   CCITT - Telegraph and Telematic Services Terminal Equip-
             ment, Recommendations of the S- and T-Series, Genf 1981

/Ecks 84/   Eckstein, L.
             Benutzungsanleitung der Ebene 4 Prozedurschnittstelle in
             PASCAL-Programmen
             Arbeitspapiere der GMD Nr.90, 1984

/GMD 83/   DCAM Usage Conventions to achieve a Transport Service,
             GMD 1983

Stichwortregister

Grundlagen der Kommunikationstechnologie

ISO-Architektur offener Kommunikationssysteme

Von **K. Görgen, H. Koch, G. Schulze, B. Struif, K. Truöl**

1985. 165 Abbildungen. X, 300 Seiten
Gebunden DM 58,–. ISBN 3-540-13964-8

Inhaltsübersicht: Einführung in die Kommunikationstechnologie. – Architektur offener Kommunikationssysteme. – Datenübermittlung. – Dienste und Protokolle des Datentransportsystems. – Lokale Netze. – Dienste und Protokolle der anwendungsorientierten Schichten. – CCITT-regulierte Dienste. – Datensicherung. – Normen und Standards. – Abkürzungsverzeichnis. – Literaturverzeichnis. – Stichwortverzeichnis.

Die Anwendungen der Datenverarbeitung sind gekennzeichnet durch den ständig zunehmenden Einsatz der Möglichkeiten der Datenfernverarbeitung. Durch den außerordentlichen Entwicklungsfortschritt der Übertragungstechnik ergeben sich ständig erweiterte Einsatzbereiche der rechnergestützten Kommunikation bis hin zum einzelnen Büroarbeitsplatz, bis zu den privaten Haushalten. Offene Kommunikation, herstellerunabhängige Informationsverbundsysteme basierend auf rechnergestützten Netzarchitekturen sind weltweit in der Entwicklung. Eine länderübergreifende, von speziellen Architektureigenschaften unabhängige Datenkommunikation setzt standardisierte und genormte Schnittstellen und internationale Protokollvereinbarungen voraus. Diese werden vorgegeben durch das 7-Schichten ISO-Architekturmodell für die Kommunikation offener Systeme und alle aus ihm abgeleiteten weiteren Standards für Kommunikationsdienste und -protokolle.
Das vorliegende Werk vermittelt aktuelles Grundwissen zu dem Gebiet der Kommunikationstechnologie. Es führt ein in die Technik der Datenübermittlungssysteme und behandelt auf der systematischen Grundlage des abstrakten DIN/ISO-Referenzmodells Dienste und Protokolle der einzelnen Funktionsschichten für Kommunikationssysteme sowie ausgewählte Anwendungen.

Springer-Verlag
Berlin
Heidelberg
New York
Tokyo